DONGWU KEPUGUAN

动物科普馆

动物趣闻与低等动物

DONGWUQUWEN YU DIDENGDONGWU

主编◎徐井才

天津出版传媒集团

天津科技翻译出版有限公司

图书在版编目（CIP）数据

动物趣闻与低等动物 / 徐井才主编. —天津: 天津科技翻译出版有限公司,
2010. 10（2021.6 重印）

（动物科普馆）

ISBN 978-7-5433-2790-0

Ⅰ.①动…　Ⅱ.①徐…　Ⅲ.①动物 – 儿童读物　Ⅳ.① Q95-49

中国版本图书馆 CIP 数据核字（2010）第 181084 号

动物科普馆：动物趣闻与低等动物

出　　　版：天津科技翻译出版有限公司

出 版 人：刘子媛

地　　　址：天津市南开区白堤路 244 号

邮　　　编：300192

电　　　话：（022）87894896

传　　　真：（022）87895650

网　　　址：www.tsttpc.com

印　　　刷：永清县晔盛亚胶印有限公司

发　　　行：全国新华书店

版本记录：787 × 1092mm　16 开本　15 印张　140 千字

　　　　　　2010 年 10 月第 1 版　2021 年 6 月第 3 次印刷

　　　　　　定价：45.00 元

目   录

1

2

3

4

5

动物趣闻

DONG WU QU WEN

动物科普馆 DONGWU KEPUGUAN

dòng wù de wěi ba yǒu shén me yòng
§动物的尾巴有什么用

mù qián shì jiè shàng shēng cún de dòng wù yǒu shàng bǎi wàn zhǒng　　chú
目前世界上 生存的动物有上百万种，除

shǎo shù dòng wù 　　rú yuán 　wā děng 　de wěi ba yǐ tuì huà wài 　xiāng
少数动物（如猿、蛙等）的尾巴已退化外，相

dāng duō de dòng wù dōu zhǎng yǒu wěi ba 　　dòng wù de wěi ba yǒu gè shì gè
当多的动物都长有尾巴。动物的尾巴有各式各

yàng de wài xíng 　　tā men dōu yǒu zhe tè bié de gōng néng hé miào yòng
样的外形，它们都有着特别的功能和妙用。

壁虎

2

dà bù fēn yú lèi de wěi ba jiù xiàng yī tái tuī jìn qì　néng tuī
大部分鱼类的尾巴就像一台推进器，能推

dòng yú ér zài shuǐ zhōng qián jìn　tóng shí yòu néng kòng zhì fāng xiàng　qǐ
动鱼儿在水中前进，同时又能控制方向，起

zhe duò de zuò yòng
着舵的作用。

lǎo hǔ de wěi ba shì tā de sān dà　wǔ qì　zhī yī　néng shǐ
老虎的尾巴是它的三大"武器"之一，能使

xǔ duō dòng wù sàng mìng
许多动物丧命。

xī yì bèi dí shòu zhuī de wú chù cáng shēn shí　jiù huì bǎ wěi ba liú
蜥蜴被敌兽追得无处藏身时，就会把尾巴留

xià lái gěi dí rén　zì jǐ zé táo zhī yāo yāo　suǒ yǐ tā de wěi ba yǒu
下来给敌人，自己则逃之夭夭，所以它的尾巴有

jiù mìng wěi ba　zhī chēng　bì hǔ de wěi ba yě yǒu zhè zhǒng běn lǐng
"救命尾巴"之称。壁虎的尾巴也有这种本领。

yǒu xiē dòng
有些动

wù de wěi ba néng qǐ
物的尾巴能起

zhe　dì sān tiáo
着"第三条

tuǐ　de zuò yòng
腿"的作用，

jiè yǐ píng héng shēn
借以平衡身

卷尾猴

动物科普馆 DONGWU KEPUGUAN

tǐ。卷尾猴的尾巴长而有力，具有出众的缠绕

能力。它的尾巴会做种种动作，可以帮助它

攀登爬树，还可以倒挂着身体睡觉，真是不可思

议。

4

§ 动物也有年轮吗

我们已经知道，植物有年轮。那么，动物的身上有没有年轮呢？经科学家研究后发现，动物也是有年轮的。

我们知道，河蚌有两片贝壳，外层黑褐色，上面有许多同心圆状的环纹，叫做生长线。在一般情况下，每经过一年，贝壳上就会留下一圈生长线，这就是蚌的年轮。

黄花鱼

数一数生长线的数目，大致就可以知道蚌的年龄了。黄花鱼的年轮藏于头骨中的耳石上。耳石是一种石灰质的块状物，磨成薄片后可以见到一圈圈的同心环，那就是年轮。年轮不仅记载着鱼的年龄，也是鱼一生经历的记录。龟、鳖有所不同，它们的年轮在背甲上。从龟、鳖背甲各盾片上同一环数的多少就可以知道它的年龄。

其实，人也有年轮。人的年轮在脑子里。由此可见，很可能所有生物都有年轮，只是各自在什么部位，至今还没有完全了解罢了。

§ 为什么有些动物要休眠

在自然界，许多动物都有休眠的习惯。休眠是动物对极限温度的一种适应。它包括冬眠和夏眠两种。

青蛙、蛇等是冬眠动物，此外蝙蝠、刺猬、旱獭、榛鼠等都有冬眠现象。冬眠是动物对冬季气温低、食物少等不良的环境条件的一种适应。夏眠则是动物对炎热干旱季节的一种适应。例如，海参以海洋小生物为食，当夏季来临，上层海水由于太阳强烈照射温度升高，

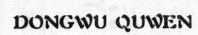
导致海洋小生物上浮进行繁殖。海底的海参缺

少食物，于是进入夏眠状态。沙蜥、草原龟由

于夏季温度过高而进入休眠时期。

休眠是动物生命活动处于极低水平的状

态，通常表现为停止取食、不活动、昏睡、呼

吸微弱和体温下降等。在进入休眠前，这些动

物都要为增加体内脂肪而积极觅食，以备休眠时

期和苏醒时期的需要。

§什么是克隆动物

生物有两种繁殖方式。经过雌雄两性生殖细胞的结合产生的后代，叫有性繁殖；不经过两性生殖细胞的，叫无性繁殖。

"克隆"就是无性繁殖，或者通过无性繁殖产生一群一模一样的生物。

克隆绵羊多利

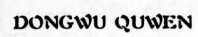
动物科普馆 DONGWU KEPUGUAN

1996 年 7 月，在英国苏格兰爱丁堡的市郊，世界上第一只克隆动物多利诞生了。多利是一只小羊，它没有父亲，它的遗传物质完全来自提供乳腺细胞的母羊，因而它不是这头母羊的后代，只是母羊的"复制品"。

多利是世界上第一头用动物的体细胞无性繁殖出来的哺乳动物。它的诞生，开辟了哺乳动物无性繁殖的新时代，预示着人们可以利用动物成熟的体细胞，像复制磁带一样，大量复制产生遗传特性完全相同的哺乳动物。这不仅有着重大的科学意义和理论意义，而且在优良动物的繁育和生物医学等领域具有广泛的应用前景。

kè lóng chū duō lì bìng bù shì yī jiàn róng yì de shì
克隆出多利并不是一件容易的事,

tā shì zhī kè lóng de shì yàn yáng zhōng jǐn shèng de yī tóu huó zhe
它是250只克隆的试验羊中仅剩的一头活着

chū shēng de yáng nián yuè suì de duō lì yīn huàn fèi
出生的羊。2003年2月,6岁的多利因患肺

bìng bù xìng sǐ wáng tā de sǐ gěi rén lèi yán jiū kè lóng jì shù dài
病不幸死亡。它的死给人类研究克隆技术带

lái le xīn kè tí
来了新课题。

动物科普馆
DONGWU KEPUGUAN

动物科普馆 DONGWU KEPUGUAN

动物会做梦吗

人在睡觉的时候会做梦，那么，动物会不会做梦呢？其实，动物睡觉时也是会做梦的。

巴西和美国的3位科学家研究了三趾树懒的脑电图，发现这种动物很会做梦。它每天做梦的时间大约为2个多小时。它的梦是断断

树懒

看这小家伙的姿势多优美，没准现在它正做美梦呢。

xù xù de　　chí xù shí jiān shì　　fēn zhōng zuǒ yòu　　zài dòng wù shì jiè
续续的，持续时间是8分钟左右。在动物世界

zhōng　　zuì shàn cháng zuò mèng de hái bù shì sān zhǐ shù lǎn　　yīn wèi sōng
中，最擅长做梦的还不是三趾树懒，因为松

shǔ　háo zhū　dài shǔ　lǎo shǔ hé qiú yú děng dòng wù　　yǒu de měi tiān
鼠、豪猪、袋鼠、老鼠和犰狳等动物，有的每天

zuò mèng de shí jiān kě cháng dá　　　xiǎo shí
做梦的时间可长达5~6小时。

gè zhǒng bǔ rǔ dòng wù dōu huì zuò mèng　　guò qù rén men yǐ wèi
各种哺乳动物都会做梦。过去人们以为，

dà bù fēn pá chóng bù huì zuò mèng　　xiàn yǐ fā xiàn xiāng dāng duō de pá
大部分爬虫不会做梦。现已发现相当多的爬

chóng yě huì zuò mèng　　yǒu de kē xué jiā shèn zhì rèn wèi　　yǒu xiē héng wēn
虫也会做梦。有的科学家甚至认为，有些恒温

de kǒng lóng zài shuì mián shí yě huì jìn rù mèng xiāng
的恐龙在睡眠时也会进入梦乡。

jīng shì hǎi yáng
鲸是海洋

zhōng de yī zhǒng bǔ rǔ
中的一种哺乳

dòng wù　　tā cháng cháng
动物，它常常

shì fú zài shuǐ miàn shàng
是浮在水面上

tián tián dì jìn rù mèng
甜甜地进入梦

鲸

乡，即使大轮船从它身边开过，也吵不醒它。

有时海面上狂风大作，巨浪滔天，鲸就干脆不

睡，等到风平浪静时再痛痛快快地大睡起来。

§ 动物打哈欠是什么意思

我们每个人都会打哈欠。通常，打哈欠可以消除人体的疲劳，振奋精神。动物也打哈欠，但动物打哈欠的原因却多种多样。

动物的这个动作意味着什么呢？一些凶猛的动物在发起攻击之前，往往

猩猩打哈欠的姿势与人类类似

张大嘴巴，深深地吸上一口气，打个哈欠。这是为了排除体内的二氧化碳，增加血液中的氧气，使由于长时间地潜伏而变得呆滞的肌肉充满活力，为突然袭击作好准备。

狒狒的首领在吃东西的时候，只要开口打个哈欠，露出尖利的牙齿，其他狒狒马上胆战心惊，退避三舍，谁也不敢上前争食。因为，这是狒狒显示威严的一种方式。

打哈欠的猫

在狮子等群居动物中，如果在首领和长辈
面前打个哈欠，那是无礼的犯上行为，会遭到
惩罚。因而，辈分低的狮子要打哈欠，总是把
头扭向一边，避开首领和长辈的视线，不动
声色地打个哈欠。几头母狮和它们的幼狮在一
起时，常不时地齐声打哈欠。这是为了向可能
潜伏在四周的猛兽示威，保护自己和下一代免
遭伤害。

§ 鸟类为什么能在天上飞

天空中有无数的鸟儿在自由自在地飞翔。你可能会感到奇怪，为什么鸟类能在天空飞行，而人类却不能飞呢？

展翅飞翔的燕鸥

原来，鸟类身体的各个部位都与飞行有着密切的关系，鸟能飞起来是由它们特殊的身体构造决定的。

鸟儿飞行靠的是翅膀，鸟的胸部有发达的肌

肉，能牵动翅膀骨骼进行强有力的运动，使翅膀扇动起来，产生飞行的力量。鸟扇动自己的翅膀，不但能使它们的身体升到空中，而且能使它们前进，以及平稳地降落；鸟的身体比较轻，骨骼很纤细，并且大部分骨头中都充满着空气。这样的骨骼构造，为飞行提供了优越的条件；另外，鸟类的体内器官也为飞行提供了有利条件。鸟类没有贮存粪便的直肠，也没有贮存尿的膀胱。这样，当它们在飞行时，可以随时随地将粪便排出，从而减轻体重，利于飞行。

动物科普馆 DONGWU KEPUGUAN

§ 为什么鸟类没有牙齿

大家都知道，鸟类每天的活动强度很大，经常要进行飞行，所以它们的新陈代谢快，每天需要消耗巨大的能量。为了满足飞行生活的需要，鸟类必须不断地努力寻找食物，尽快地进食和消化。

为了适应飞翔生活，鸟类便产生了新的取食方式。这种取食

巨嘴鸟的大嘴便于切开水果

鸟喂食

方式的特点是：鸟类没有牙齿，用圆锥形的嘴来

啄食，将整粒或整块食物快速吞下，然后将食

物贮藏在发达的嗉囊中。食物在嗉囊中经软

化后逐步由砂囊磨碎，再由消化系统的其他部分

陆续加以消化、吸收。这种方式不需要牙齿和

与此有关的系统，大大减轻了体重，这也是鸟

动物科普馆 DONGWU KEPUGUAN

lèi zài jìn huà guò chéng zhōng zì rán xuǎn zé de jiē guǒ
类在进化过程中自然选择的结果。

jīng yán jiū fā xiàn niǎo lèi bù yòng yá chǐ hòu dǎo zhì yǔ qǔ shí
经研究发现，鸟类不用牙齿后，导致与取食

yǒu guān de gǔ gé tuì huà cóng ér dà dà jiǎn qīng le gǔ tóu de zǒng zhòng
有关的骨骼退化，从而大大减轻了骨头的总重

liàng yīn cǐ shí fēn shì hé niǎo lèi fēi xíng de xū yào
量，因此十分适合鸟类飞行的需要。

动物科普馆 DONGWU KEPUGUAN

§ 为什么雄鸟比雌鸟漂亮

几乎在所有的鸟当中，都有这样一个现象：通常雄鸟都长得雄壮美丽，而雌鸟却显得逊色多了。例如，雄性的雉鸡眼睛红得像火，脖子上套着银色的项圈，紫红色的肚皮，天蓝色的腰，尾部长羽是黄褐色的，显得十分漂亮。而雌鸟却根本没有华丽的羽毛，只不过在土黄色的体表上有

红腹锦鸡

一些黑褐色的斑块。

为什么一般都是雄鸟比雌鸟美呢？鸟类学家经过研究发现，这主要是由鸟类的婚配关系决定的。

大多数鸟类奉行"一夫多妻"制。漂亮的羽毛和清脆悦耳的叫声都是雄鸟吸引对方的有效手段。雄鸟如果有美丽的外貌，就可以赢得更多雌鸟的青睐，这对于在生存竞争中获胜是有利的，也是鸟类在长期进

雄孔雀

化中适应环境的结果。当然，在鸟类王国中也有雌性和雄性长相差不多的，不过，这样的情况很少见。

wèi shén me niǎo shuì jiào shí jīng cháng zhǎ yǎn

§为什么鸟睡觉时经常眨眼

shuì jiào de shí hòu　niǎo lèi yě hé rén yī yàng　shì bì zhe yǎn jīng

睡觉的时候，鸟类也和人一样，是闭着眼睛

de　bù guò　hé rén lèi bù tóng de shì　tā men zài shuì jiào shí　měi

的。不过，和人类不同的是，它们在睡觉时，每

gé yī huì ér jiù yào zhēng yī xià yǎn jīng

隔一会儿就要睁一下眼睛。

nǐ zhī dào zhè shì shén me yuán yīn ma　niǎo lèi xué jiā jīng guò yán jiū

你知道这是什么原因吗？鸟类学家经过研究

rèn wèi　niǎo lèi de zhè

认为，鸟类的这

zhǒng tè shū de shuì mián

种特殊的睡眠

fāng shì shì yī zhǒng shì

方式是一种似

shuì shì xǐng de zhuàng

睡似醒的状

tài　tā néng shǐ niǎo

态，它能使鸟

麻雀

25

类在休息时始终保持警惕，免遭横祸。根据科研人员的统计，在宁静平安的环境中，野鸭平均每分钟眨眼10次左右。一旦附近有猫出现，即便是距离比较远，野鸭的眨眼次数也会增加到每分钟20次。猫走得越近，野鸭的眨眼次数就越多，最多可达每分钟35次。如果这时猫步步逼近，野鸭就会睁开眼睛，进入清醒状态，密切注视猫的一举一动。

当然，鸟类睡觉时会尽量减少眨眼次数，增加闭上眼睛的时间。不过，鸟类虽然在睡觉时不断地眨眼，睡眠效果却仍然跟熟睡时差不多。

动物科普馆 DONGWU KEPUGUAN

§ 为什么有些鸟不会飞

一般的鸟都是可以展翅翱翔的，可是，有些鸟却只会跑不会飞。它们有鸵鸟、食火鸡、鸸鹋、企鹅等。

既然它们也是鸟，可为什么不会飞呢？

不会飞的鸟的翅膀大都退化了。鸟类长翅

鸸鹋

膀的一个重要作用
是当它们遇到敌人
时，可以展翅逃走。
可是，企鹅、鸵鸟
等不会飞的鸟，多
数生长在没有天
敌的环境中，因此

南极帝企鹅

没有必要靠飞翔来躲避敌人。翅膀长时间不
用，就会退化，身体却越长越大。长期的奔跑
把腿部肌肉锻炼得很发达，奔跑速度也就十分
快。

其次，这些鸟都有一个共同的特征，就
是它们都太胖了，这也是它们不会飞的一个

动物趣闻

动物科普馆
DONGWU KEPUGUAN

zhòng yào yuán yīn nǐǎo lèi zài kōng
重要原因。鸟类在空

zhōng fēi háng shòu dào de dì xīn
中飞行，受到的地心

yǐn lì bǐ zài dì miàn shí dà de
引力比在地面时大得

duō tā men de tǐ xíng nà me
多。它们的体形那么

dà yào duō dà de chì bǎng cái
大，要多大的翅膀才

néng dài dòng tā men de shēn tǐ ne
能带动它们的身体呢！

食火鸡

suǒ yǐ zhè yě shì shēng wù jìn huà de bì rán xuǎn zé
所以，这也是生物进化的必然选择。

动物科普馆 DONGWU KEPUGUAN

§ 鸟认识自己的蛋吗

鸟类到了繁殖季节，总是要产卵繁殖后代。

有一个有趣的现象，如果你把鸭蛋放进正在孵蛋的母鸡窝里，它会把鸭蛋当作自己的蛋孵化。

你一定会问，其他鸟类是不是也会像鸡那样不认识自己的卵呢？据科学家观察，美国有一种秃鹫就把白色橡皮球当作自己

银鸥

30

的蛋，千方百计地把它弄进窝去，一连几个星期坐在上面孵化。海燕能在远处一眼认出鱼是美味食品，却认不出自己产的蛋。有人取出海燕的蛋，换上了石块或土豆，它却根本认不出这些假蛋，照样伏在上面孵蛋。

秃鹫

荷兰鸟类学家廷伯金曾经在银鸥的巢里做了一项有趣的实验。他把圆柱体、菱形体、长方形或正方形的木块，统统涂上类似银鸥蛋的颜色，然后观察银鸥能不能认出这些完全不像鸟蛋的物体。结果，这位鸟类学家发现，除了有棱角、表面实在太粗糙的假蛋之外，银鸥根本就辨认不出其他的假蛋。可见，鸟类对于自己的蛋并不熟悉。

§ 哪些鸟会学人说话

在动物中，能学人说话的只有几种鸟，其中最著名的有鹦鹉、鹩哥和八哥等。

鹦鹉等鸟能巧妙地模仿人说话，而且惟妙惟肖。它们不但能跟着人学一些简单的话，甚至还能学一些简单的乐曲。它们记忆力很好，由于条件反射的原因，还能根据情景讲一些话，如"你好!""谢谢!"等。

为什么鸟可以学人说话呢？原来，这些鸟之所以能学人说话，主要是因为它们的舌头比较

33

fù yǒu ròu zhì shé jiān yuán huá róu ruǎn ér líng huó shàn yú mó fǎng
富有肉质，舌尖圆滑，柔软而灵活，善于模仿

shēng yīn rú guǒ zài rén wéi de jiā yǐ xùn liàn tā men jiù néng fā chū
声音。如果再人为地加以训练，它们就能发出

jiǎn dān de yǔ yīn lìng wài tā men de fā yīn qì guān yě jiào dú tè
简单的语音。另外，它们的发音器官也较独特，

fā chū de shēng yīn xiàng rén de shēng yīn bǐ rú bā gē de fā yīn qì
发出的声音像人的声音。比如，八哥的发音器

guān néng gòu shǐ fā yīn qì guān zhōng de bàn yuè xíng de mó huí xuán zhèn dòng
官能够使发音器官中的半月形的膜回旋振动，

fā chū de shēng diào néng fù zá duō biàn
发出的声调能复杂多变。

bù guò zhè xiē niǎo suī rán néng xué rén shuō huà dàn zhī shì rén men
不过，这些鸟虽然能学人说话，但只是人们

yǒu yì shi de diào jiào de jié guǒ tā men zì jǐ bìng bù zhī dào nà xiē huà
有意识地调教的结果，它们自己并不知道那些话

shì shén me yì si
是什么意思。

§ 为什么小鸟要自己啄破蛋壳

小鸟从狭小的蛋壳来到美丽的大自然，丝毫没有父母的帮助，完全靠着它自己的力量打开了蛋壳。鸟蛋的壳都很坚硬，可为什么再硬的蛋壳，小鸟也能啄碎它破壳而出呢？

原来，鸟的胚胎在生长时，它在蛋壳里的营养来源只有蛋黄。小鸟骨骼生长需要相当多的矿物

刚刚出壳的小鸡

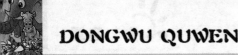
质，例如石灰质。但蛋黄里包含的矿物质很
少，小鸟胚胎只能从蛋壳里吸收必需的矿物
质。随着小鸟的骨骼越长越结实，蛋壳也越来越
薄、越来越脆了。当小鸟发育到一定阶段，就有
能力啄破蛋壳了。

那么，为什么鸟妈妈不帮助孩子啄破蛋壳
呢？如果鸟妈妈用嘴帮助小鸟啄开蛋壳，是件
轻而易举的事，但她从来不这样做。大概是鸟妈
妈认为，打开蛋壳是孩子生命中的第一个任
务，也是一次重大的考验。让自己的孩子从一
出生就经历锻炼，对它们今后的成长是有好
处的。看来，鸟妈妈还很懂得养育之道呢。

§为什么鸟的羽毛五颜六色

在自然界中，鸟的羽毛五彩缤纷，千姿百态，给我们生活的地球增添了无限的生机。

你知道鸟的羽毛为什么会有那么丰富多彩的颜色吗？这其中的原因十分复杂，和鸟的生活环境以及生活习性等许多因素有关。许多鸟类的羽毛颜色在防御敌害时起着保护色的作用。例如，由于沙漠地带的绿色植物很少，所以生活在那里的鸟类一般色泽单纯而暗淡。而生活在南方和热带森林里的鸟类，则长着与各种奇花

yì huì de xiān yàn sè cǎi xiāng shì de cǎi sè yǔ máo　　yǐ biàn bǎ zì jǐ yǐn
异卉的鲜艳色彩相似的彩色羽毛，以便把自己隐

cáng qǐ lái
藏起来。

孔雀开屏

nà me　　niǎo de yǔ máo wèi shén me yǒu rú cǐ duō de měi lì sè cǎi
那么，鸟的羽毛为什么有如此多的美丽色彩

ne　　zhè yǔ yǔ máo zhōng suǒ hán de huà xué sè sù hé guāng xiàn zhé shè yǒu
呢？这与羽毛中所含的化学色素和光线折射有

guān　　lì rú　　kǒng què shòu huán jìng hé jì jié biàn huà de yǐng xiǎng　　fēn
关。例如，孔雀受环境和季节变化的影响，分

mì de jī sù huì cù shǐ sè sù xì bāo xiāng hù zuò yòng　　qí zhōng　　hēi
泌的激素会促使色素细胞相互作用。其中，黑

sè sù shǐ yǔ máo chéng hēi sè hēi liàng sè sù shǐ yǔ máo chéng wēi hóng sè
色素使羽毛呈黑色，黑亮色素使羽毛呈微红色

huò huáng sè zhī sè sù shǐ yǔ máo chéng xiàn chū hóng sè huáng sè hé
或黄色，脂色素使羽毛呈现出红色、黄色和

lù sè zhè yàng kǒng què de yǔ máo zài guāng yuán bù tóng jiǎo dù de zhé
绿色。这样，孔雀的羽毛在光源不同角度的折

shè hé fǎn shè xià sè cǎi jiù gèng jiā yàn lì le
射和反射下，色彩就更加艳丽了。

§昆虫有耳朵吗

严格地说，昆虫并没有耳朵，昆虫的"耳朵"只是它们的听觉器官。昆虫的听觉器官构造与高等动物的耳朵不同，它由鼓膜或绒毛构成。

由鼓膜构成"耳朵"的有蝉、蟋蟀、金钟儿等；用绒毛来感觉声音的有雄蛾、毛虫类等。

那么，昆虫的"耳朵"长在哪儿？不少人一定以为是长在它的头上。其实，昆虫"耳朵"生长的部位十分奇特。有不少昆虫的"耳朵"是长在腿上的。我们熟悉的蟋蟀、金钟儿

的"耳朵"都长在一
对前足的小腿上。

还有些昆虫"耳
朵"生长的部位就更
奇妙了，蝗虫的"耳
朵"长在腹部的第一

大金钟

腹节侧面两边，呈半月形开口，鼓膜发达，膜上
还有一个相当于共鸣器的气囊；蚊子的"耳朵"
长在触角的第二节上；蚜虫的"耳朵"长在触
角的根部基节上；飞蛾的"耳朵"，有的长在胸
部，有的长在腹部，雄蛾的"耳朵"多长在毛茸
茸触角的绒毛上；蝉的"耳朵"长在腹部的下
面；苍蝇的"耳朵"则长在翅膀基部的后面。

动物科普馆 DONGWU KEPUGUAN

§昆虫冬天躲到什么地方

到了冬天，气温大大下降，而且有的地方还经常刮风、下雪，身体弱小的昆虫怎么能够抵挡得了呢？所以，一到了寒冷的冬天，昆虫们就不见了踪影。

除了一部分一年生的昆虫冬天要死掉以外，大部分的昆虫冬天都到哪里去了

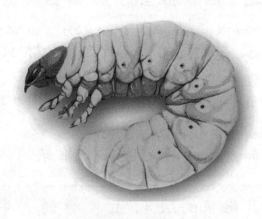

锹甲虫幼虫

呢？其实，昆虫也有自己的办法，既然冬天不能出来活动，它们就得想办法冬眠，这是昆虫求得生存的本能。

昆虫冬眠的形式各不相同。少数昆虫，如蝼蛄的成虫秋末冬初在地洞里冬眠；有的昆虫如螟虫、蜉蝣等等，用幼虫的形态找地方过冬；地老虎等则是用蛹的形态过冬；蟋蟀等昆虫把卵埋起来或藏到一个地方，也能度过寒冬。

各类昆虫不论采取哪一种形式过冬，都必须提前做好准备，先要在体内储存下足够的营养，排掉体内的水分，还要选择保温并隐蔽的地方。这样，它们才能安全地度过漫长的寒冬。

§为什么昆虫不走直线

一般的两条腿动物和四条腿动物在行走时，所走过的足迹呈一条直线。这是人所共知的事情，因为我们人类就是这样的。不过，昆虫走路就不一样，它们在地上爬着行进，总是左歪一下、右扭一下呈"之"字形行走，从来不走直线，这是什么原因呢？

这要从昆虫的生理结构说起。昆虫是六足动物，两侧各长三条足。前足短，后足长，中间的介于前后足之间。昆虫行进时，把右前足、左中足和右后足组成一组；左前足、右中

zú hé zuǒ hòu zú zǔ
足和左后足组

chéng lìng yī zǔ kūn
成另一组。昆

chóng pá háng shí yóu
虫爬行时，由

yī zǔ de qián zú xiān
一组的前足先

xiàng qián shēn chū bìng
向前伸出，并

yòng zhǎo zhuā zhù dì
用爪抓住地

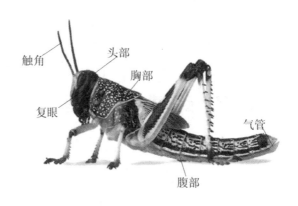

触角　头部　胸部　复眼　气管　腹部

蝗虫身体结构

miàn tóng cè de hòu zú shǐ jìn jìn liàng bǎ shēn tǐ xiàng qián tuī jìn
面，同侧的后足使劲，尽量把身体向前推进。

yóu yú qián hòu zú cháng duǎn bù yī dāng hòu zú xiàng qián yòng lì shí
由于前、后足长短不一，当后足向前用力时，

biàn jiāng lí kāi dì miàn de zhōng zú jí shēn tǐ tuī xiàng piān lí zhí xiàn de yī
便将离开地面的中足及身体推向偏离直线的一

fāng shǐ shēn tǐ zhōng zhóu qīng xié dāng lìng yī zǔ de qián zú tái qǐ
方，使身体中轴倾斜。当另一组的前足抬起

shí wèi le shǐ shēn tǐ xiàng qián xíng zǒu biàn xiàng yǔ shēn tǐ xiāng fǎn fāng
时，为了使身体向前行走，便向与身体相反方

xiàng shēn qù hòu zú yòng lì tuī jìn shí yòu jiāng shēn tǐ niǔ xiàng le lìng
向伸去，后足用力推进时，又将身体扭向了另

yī fāng xiàng zhè yàng kūn chóng jiù zuǒ wāi yī xià yòu wāi yī xià dì
一方向。这样，昆虫就左歪一下、右歪一下地

chéng zhī zì xíng xiàng qián xíng zǒu le
呈"之"字形向前行走了。

动物科普馆 DONGWU KEPUGUAN

昆虫是如何适应气温变化的

为了适应环境温度的变化，昆虫有着种种奇妙的调节体温的方法。

有的昆虫用改变飞行的姿态或位置来调节体温。如蝗虫群飞时，上午是迎着太阳光向东南方向飞行，下午又追着太阳光向着西方飞行。

蝴蝶身体表

蝴蝶

面有一层细小的鳞片，这些鳞片就有调节体温的功能。当气温升高时，这些鳞片会自动张开，以减少太阳光的照射；当外面气温下降时，这些鳞片又会自动地闭合，紧贴住蝴蝶的身体，让太阳光直射在鳞片上，从而使身体能吸收更多的太阳热量。

更使人惊奇的是，有的昆虫还会用鸣叫来调节体温。越是炎热的夏天，蝉的鸣叫越响亮。夏季气温超过38℃时，蜜蜂就把大量水分带到蜂巢里，一起鼓动着翅膀，让水分很快地蒸发并被扇出去，这样就可以降低巢内的温度。

§ 昆虫为什么会鸣叫

我们每个人都有声带，一旦声带损坏，也就不能发出声音了；可是，你听到过各种昆虫的鸣叫吧，令人奇怪的是，能够发出各种不同声音的昆虫却有一个共同点，那就是它们的口器里都没有声带。那么，昆虫又是靠什么来发声的呢？

原来，昆虫是靠身上特殊的发声器发声的，而且不同的昆虫发声部位和发声器的组成及构造也不同。例如，雄蟋蟀的右前翅下表

miàn yǒu yī tiáo yǒu chǐ de héng mài　xiàng yī bǎ xiǎo
面有一条有齿的横脉，像一把小

cuò dāo　jiào zuò yīn cuò　zuǒ qián chì de shàng biǎo
锉刀，叫做音锉，左前翅的上表

miàn yǒu yī liè jiān chǐ zhuàng de mó cā yuán　xī shuài
面有一列尖齿状的摩擦缘。蟋蟀

bǎ yòu qián chì dié zài zuǒ qián chì de shàng miàn　kào
把右前翅叠在左前翅的上面，靠

shēng qǐ huò fēn kāi liǎng chì　yǐn qǐ yīn cuò hé mó
升起或分开两翅，引起音锉和摩

cā yuán de mó cā ér fā shēng　xióng chán　zhī
擦缘的摩擦而发声；雄蝉"知

liǎo　zhī liǎo　de jiào shēng zé shì cóng fù bù fā
了、知了"的叫声则是从腹部发

黑蚱蝉

chū lái de　tā qián fù de liǎng cè gè yǒu yī gè yuán ér dà de yīn gài
出来的。它前腹的两侧各有一个圆而大的音盖，

yīn gài xià miàn zhǎng zhe gǔ pí shì de qì náng hé fā yīn mó　dāng fā yīn
音盖下面长着鼓皮似的气囊和发音膜。当发音

mó nèi bì jī ròu shōu suō shí　fā chū lái de shēng yīn yǐn fā fù bù qì
膜内壁肌肉收缩时，发出来的声音引发腹部气

náng gòng míng qì de gòng míng　chán jiù fā chū jī yuè de míng jiào
囊共鸣器的共鸣，蝉就发出激越的鸣叫。

bù guò　shuō lái yě yǒu qù　suī rán xǔ duō kūn chóng de xióng chóng néng
不过，说来也有趣，虽然许多昆虫的雄虫能

fā chū hóng liàng de míng jiào　ér cí chóng què yī bèi zi dōu shì gè yǎ ba
发出洪亮的鸣叫，而雌虫却一辈子都是个哑巴。

§哪些昆虫是飞行健将

你别看昆虫个子小，长相也不起眼，但有些昆虫真的要飞起来，本领可实在不简单，可以称得上是飞行"健将"，比起那些能长途飞行的鸟来，并不逊色多少。

要说蜻蜓长得很普通吧，看上去一副弱不禁风的样子，但是它却能以每小时150千米的速度进行长途飞行。有的蜻蜓甚至一次能飞行1000多千米。蝗虫在迁徙的时候，如果是顺风飞行，能飞几千千米，阿尔及利亚的蝗虫群可

以飞行 3500 千米到达美国。蝴蝶也擅长飞行,每小时飞行 18～40 千米,在迁徙时能长途跋涉几个月。

这些昆虫之所以能飞这么远,是因为它们都有自己拿手的飞行技术。蝴蝶在飞行时,会利用上升气流进行滑翔。这就节省了"力气"。

蝗虫更独特。它头上的触角能根据风向变化发出信号,使神经系统调节翅的扇动,保持固定飞行方向。蜻蜓的翅膀前边上端有一块角质加厚的翅痣,它可以减少翅膀颤动,以利于平稳地飞行。

§ 益虫和害虫是怎样划分的

自然界的昆虫共有100多万种，它们可是动物界的大家族。在如此多的昆虫里，有益虫也有害虫，而且益虫多，害虫少，害虫大概只占昆虫总数的10%。

昆虫究竟是益虫，还是害虫，其划分并没有一个固定而科学的标准。如果对人的衣食住行有益，我们就叫它益虫，像可以传粉的蜜

灯蛾幼虫

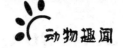

蜂，可以吐丝的蚕，捕食蚊子、苍蝇的蜘蛛和蜻蜓等。

如果对人的衣食住行有害，我们就叫它害虫，像毁坏庄稼的蝗虫，

菜粉蝶

传播疾病的蚊子、苍蝇等。害虫的特点是种类少、数量多、繁殖力强，还破坏生态平衡。但也有些昆虫对人类有益也有害，我们是无法明确划分的。此外，对于有些昆虫，由于我们研究得还不充分，认识在不断变化，还会一时把它们划为益虫，一时又划为害虫。

动物科普馆 DONGWU KEPUGUAN

kūn chóng rú hé zì wèi
§昆虫如何自卫

wèi le qiú dé shēng cún　　fán zhí hòu dài　　zài cháng qī shì yìng huán
为了求得生存，繁殖后代，在长期适应环

jìng de guò chéng zhōng　　kūn chóng xíng chéng le duō zhǒng　　zì wèi shù
境的过程中，昆虫形成了多种"自卫术"，

cháng jiàn de yǒu
常见的有：

bǎo hù sè　　shēng huó zài qīng
保护色：生活在青

cǎo dì shàng de zhà měng　　shēn chuān
草地上的蚱蜢，身穿

yī tào lù sè de　　wài tào　　gēn
一套绿色的"外套"，跟

zhōu wéi huán jìng de sè cǎi xié diào yī
周围环境的色彩协调一

zhì　　zhè yàng　　lián mù guāng mǐn ruì
致。这样，连目光敏锐

de niǎo ér yě nán fā xiàn
的鸟儿也难发现。

瓢虫

jǐng jiè sè　　piáo chóng yòu míng　　huā dà jiě　　tā bēi bù chéng
警戒色：瓢虫又名"花大姐"，它背部呈

橙红色，还镶有几粒、十几粒黑色斑点。形状色彩都很奇怪，鸟儿见了都害怕，不愿接近。

恐吓术：螳螂临近危险时，身体耸立，张开网状的大翅膀，高高举起两把"大刀"，摆出一副要砍向敌人的架势，吓得敌人只好转身逃跑。

拟态术：南方竹林的竹节虫，静止时，六肢紧靠身体，触角和第一对细足重叠在一起，向前伸直，趴在竹枝上，活像一条分节的小竹枝条，隐蔽得十分巧妙。

放屁虫

假死术：叩头虫受到惊动时，六足蜷缩，仰面朝天躺在地上装死。等到没有动静时，再把身体猛地一缩，"嘭"的一声，来个"前转翻"，匆匆逃走。

断足术：有种蚊子足特别长，足关节间的相连处很脆弱。当受到外来袭击时，常先举足；如果足被敌害咬住，便甩足溜走。

烟幕术：放屁虫受到惊扰时，两条后腿往地上一撑，猛然收缩肌肉，"轰"的一声，从肛门里排出一股带硫磺味的气味，自己乘机逃之夭夭。

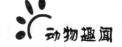

§ 什么昆虫飞得最快？

什么昆虫跳得最高？

首先让我们来比较一下昆虫从 A 点飞到 B 点所需的时间，然后再换算成时速。结果是：家蝇的飞行时速为 8 千米，蝴蝶 19 千米，斑胡蜂和蜜蜂 20 千米，最快的是蜻蜓、天蛾和虻，时速为 40 千米。这只是平均飞行速度，硕大蜓在捕食时的瞬间速度还要快得多。另外，爬虫爬行时的速度，最快的恐怕要属蚜虫的成虫了。

那么，什么昆虫跳得最高呢？蚂蚱一跃可达 75 厘米，油葫芦 60 厘米。如果按昆虫的个头

动物科普馆 DONGWU KEPUGUAN

dà xiǎo lái kàn　　tiào gāo guàn jūn yīng gāi shǔ yú tiào zǎo　　tiào zǎo de dàn tiào
大小来看，跳高冠军应该属于跳蚤。跳蚤的弹跳

gāo dù suī rán zhǐ yǒu　　lí mǐ　dàn zhè gè gāo dù què xiāng dāng yú tiào
高度虽然只有30厘米，但这个高度却相当于跳

zǎo shēn gāo de　　bèi　huàn jù huà shuō　zhè gè gāo dù xiāng dāng yú
蚤身高的200倍。换句话说，这个高度相当于

yī gè shēn gāo　　mǐ de rén yī yuè ér guò le　　mǐ de gāo dù
一个身高1.70米的人一跃而过了350米的高度。

§昆虫身上的毛有什么用处

昆虫身上长有许多借助显微镜才能看到的小细毛。所谓毛有很多种，有刚毛、微毛、鳞毛和刺毛。

毛除了有保护身体的作用之外，还有其他各种用途。尤其是那些肉眼看不到的小细毛，它的作用就更大啦。

昆虫的触角、足尖（跗节）、腹尖的尾角上还

青虫

长有许多感觉毛，也叫毛状感受器。这些小细毛不仅能感觉到空气和水的流动与振动，而且也能当作耳朵听声音，还能感受温度。

此外，昆虫触角上的毛状感受器还能嗅到气味，就像人的鼻子一样。苍蝇的足尖和嘴的下唇长有许多小细毛，长度仅为0.03～0.3毫米，只有在显微镜下才能看到。这些小细毛还能起到舌头和鼻子的作用。总之，昆虫身上的毛比人的体毛作用大得多。

§昆虫的颜色

昆虫的颜色与它们的生活是相适应的，根据它们色彩的生物学意义，可分为保护色和警戒色。

保护色是昆虫同周围生活环境相协调的

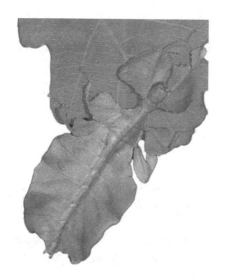

枯叶虫

体色，它使别种动物不易发现，对自身起一种躲避敌害的保护作用。如栖息在树干上的夜蛾多半体色灰暗，潜伏泥土中的蝼蛄则呈黑褐色。

就是同一种昆虫，也会随生活环境的不同而出现不同的体色。如生活在青草中的蚱蜢为绿色，生活在枯草中的蚱蜢则又是褐色的了。我们在西天目山考察中还发现，即使在同一株竹子上的竹节虫，竹叶上的呈翠绿色，而竹竿上的呈黄褐色。昆虫的体色同周围的环境配合得如此巧妙，有时简直叫人难以辨识。

昆虫的保护色是在生物界相生相克的生存斗争中，经过极其漫长的变异和无意识的自然选择而形成的。进化论的创立者达尔文认为：生物在外界条件的影响下发生变异，有利于生存的变异，逐代累积加强，不利于生存的变异逐渐被淘汰。事实也是这样，比如，产于

我国长江流域的大枯叶蝶，它全身的颜色与干枯的树叶极为相似，当它休息时两翅合拢竖立在树枝上，好像一片枯叶。然而，它们的老祖宗并不完全相同，有的体色不像枯叶，有的不大像。像枯叶的个体，不易被天敌发现，能够躲避敌害侵袭，不大像枯叶的个体而常被天敌吃掉，渐渐地被淘汰。经过长期的变异和自然选择，枯叶蝶的体色就更像枯叶了。

动
物
科
普
馆
DONGWU KEPUGUAN

kūn chóng de jǐng jiè sè
§昆虫的警戒色

zài kūn chóng shì jiè zhōng　　yǒu de kūn chóng tǐ biǎo jù yǒu tè bié
在昆虫世界中，有的昆虫体表具有特别

xiān míng de sè cǎi　　yǐ chù mù jīng xīn de yán sè　　gěi dí hài xiǎn shì
鲜明的色彩，以触目惊心的颜色，给敌害显示

jǐng gào　　yīn cǐ　　zhè zhǒng yán sè chēng jǐng jiè sè　　kē xué jiā men
"警告"，因此，这种颜色称警戒色。科学家们

rèn wèi　　dà bù fēn jù yǒu jǐng jiè sè de kūn chóng　　rú mǒu xiē dié
认为，大部分具有警戒色的昆虫，如某些蝶、

é　　jiǎ chóng děng
蛾、甲虫等，

jù yǒu yī tào cóng yǒu
具有一套从有

dú zhí wù zhōng fēn lí
毒植物中分离

huò zhù cáng dú sù de
或贮藏毒素的

běn lǐng　　xiàng fēi zhōu
本领。像非洲

枭目大蚕蛾

的桦斑蝶，在它的组织内贮有一种心脏病毒素，甘兰褐灯蛾还能分泌乙酰胆碱。如果鸟类吞食了它们之后，轻则引起呕吐，重则使心脏麻痹而死亡，从而使鸟儿望而生畏，即使在非常饥饿的情况下，也不敢轻举妄动。耐人寻味的是，有的蝴蝶它们本身并没有毒素，但是它们的体色甚至外形也和含有毒素的蝴蝶一模一样，以致鸟类真假难分，不敢贸然取食。昆虫这种体色拟态现象巧妙地迷惑和吓唬了敌害，有效地保护了自己。有人做了这样一个调查，在933个雨蛙胃中

蝴蝶幼虫

发现了11585个昆虫，而其中具有警戒色的昆虫还不到20个。说明警戒色同样起到了昆虫自卫的作用。

然而，警戒色和保护色正像色素色和结构色一样，也不是绝对分开的。有些昆虫的保护色和警戒色往往同时存在。就拿我们很熟悉的绿色尖头蚱蜢来说吧，它有一对草绿色的前翅和一对樱红色的后翅，前者为保护色，后者是警戒色。当它欢跃在草丛中的时候，前翅覆盖在后翅上，使周身颜色如同青草；当它受到敌害袭击时，突然张开前翅，展现出颜色鲜明的后翅，这种一下出现的颜色往往能把袭击的敌人吓跑。

总之，昆虫体色的种种适应状，是在自然界长期生存竞争中逐渐取得的特征。这种特征使昆虫更有利于适应外界环境，也是昆虫种类成为整个动物界中任何一类动物不能相比的原因之一。

§昆虫的色素色和结构色

花丛中翩翩起舞的蝴蝶、绿叶上爬行的甲虫，那斑斓艳丽的色彩，实在逗人喜爱。昆虫学家按照它们的色源，把色彩丰富的昆虫颜色分成色素色和结构色。

色素色，也称化学色，它显色的主要原因是由于昆虫体内含有多种奇形怪状的色素细胞，在这些细胞中藏满

铜绿金龟

了颜色的物质，如黄色素、黑色素等。这些物质可以吸收某种光波，反射其他光波，不同的光波交织在一起就形成了各种奇丽的颜色。

常见的害虫菜粉蝶翅膀上的白色，就是由一种被称为尿酸物质的存在造成的。色素色的化学性质很不稳定，容易发生氧化和还原等化学作用而逐渐褪色，甚至完全消失。用蝴蝶做的书签时间一久便黯然失色就是这个原因。

那么，什么叫结构色呢？结构色，又叫物理色。这种颜色是由于昆虫表皮的特殊构造，使照射在它们表面上的光线不断地发生反射、干涉或曲折等物理现象，从而产生了一种闪耀的色彩。我们熟悉的铜绿金龟子，它的鞘翅

（前翅）表面具有许多微小的脊纹，当光线照在上面的时候，就闪出美丽的铜绿光泽，脊纹越多，产生的闪光越强，色泽也越鲜艳。结构色在不同光线入射角和不同的光源下，还会产生不同的色彩。例如，某种小灰蝶在灯光下它的翅面呈蓝色，可是在阳光照耀下侧看，如果视角小，它的翅面出现蓝紫色，如果视角大，则又显出翠蓝色。这时在灰蝶翅面上滴上乙醇，那么原来的翠蓝色就转变为亮绿色，等乙醇蒸发完后，又恢复原来的翠绿色。显然，结构色的化学性质比色素色稳定，即使用沸水或者漂白粉冲洗也不会使颜色消失。

动物科普馆
DONGWU KEPUGUAN

为什么昆虫是动物中种类和数量最多的？

昆虫纲是动物界中最庞大的一个纲。全世界已知动物约150万种，昆虫就占有100多万种，占2/3以上，是软体动物的10倍，脊椎动物的25倍，鸟类的100多倍，也是全部已知植物（含细菌）种类（约33.5万种）的3倍，而且现在每年仍有数千万新的昆虫种类被发现。最近在南美热带雨林上层还生存着大量昆虫，其种类远远超出人之想象。据此推测，全世界的昆虫可能达3000万种以上。

动物科普馆 DONGWU KEPUGUAN

昆虫的数量更是多得惊人。一群蚂蚁可多达50多万只，一个蝗群可有几亿乃至几十亿只蝗虫，重量达上万吨。世界上昆虫的总重量是人类总重量的12倍多。

昆虫的鼻子是什么样的

我们肉眼很难看到昆虫的鼻子，但是我们发现昆虫的嗅觉特别灵敏。蜜蜂会循着花的芬芳气味去采蜜；苍蝇会循着鱼腥味找到晾晒着的咸鱼；一只梨天蚕蛾的雄虫，竟能闻到8千米以外的雌虫散出的特殊气味而赶去幽会。但是我们往往在昆虫的头部又找不到它们的鼻子，那么它们的鼻子在哪里呢？

昆虫头上的触角就是它们的鼻子。触角上分布着成千上万个微型"鼻子"——嗅觉器。

如蝇类的一根触角上有3600个嗅觉器，蜜蜂的一根触角上有4000~30000个嗅觉器。每个嗅觉器内部有很多神经末梢与脑神经相连接，从而使它们的嗅觉特别地灵。除触角外，昆虫的下唇须、下颚须上也分布着许许多多嗅觉器，也能闻到各种气味。

§有些鱼为什么有触须

不少鱼的嘴边都长着胡须样的东西，人们把它叫作触须。触须长、短、扁、圆等形态不一，数目也不尽相同。那么，鱼类的触须有什么妙用呢？

原来，鱼类的触须既不是它们年龄的标志，也不是性别的特征。因为长触须的鱼类，不分雌雄，也不分老幼。触须实际上是鱼类的触觉器官，它具有重要的触觉功能。触须的作用和猫的胡须很相近，是鱼测量自己必经之路的尺

动物科普馆 DONGWU KEPUGUAN

zǐ。触须很敏感，不管在水里碰到什么东西，

tā dōu huì lì kè zuò chū fǎn yīng wú lùn shì zài qī hēi yī piàn de shēn hǎi
它都会立刻作出反应。无论是在漆黑一片的深海

dǐ hái shì zài hún zhuó de ní shuǐ lǐ zhǐ yào yǒu chù xū tàn lù yú
底，还是在浑浊的泥水里，只要有触须探路，鱼

ér dōu néng zhǎo dào zhèng què de lù jìng
儿都能找到正确的路径。

鲶鱼

cháng chù xū de yú duō shù shì shì lì bù tài hǎo de dǐ céng yú
长触须的鱼，多数是视力不太好的底层鱼

lèi tā men jiù shì yī kào chù xū zài shuǐ dǐ xún zhǎo bìng xuǎn zé shí wù
类，它们就是依靠触须在水底寻找并选择食物

de　　shēn hǎi yú lèi de chù xū　　yǒu de dǐng duān hái kě yǐ fā guāng
的。深海鱼类的触须，有的顶端还可以发光。

zhè xiē néng fā guāng de chù xū　　bù jǐn qǐ dào chù jiǎo de zuò yòng　　ér
这些能发光的触须，不仅起到触角的作用，而

qiě hái kě yǐ qǐ dào zhào míng de zuò yòng
且还可以起到照明的作用。

动物科普馆 DONGWU KEPUGUAN

§ 有些鱼为什么喜欢集体行动

据统计，世界上大约有一半鱼类喜欢成群结队地活动，你知道这是为什么吗？

鱼类学家曾做过认真的研究，他们发现，喜欢成群结队的鱼大多是小鱼。在弱肉强食的世界里，为了抵御大鱼的进攻，小鱼们只得联合起来，结成一个群体。因为

热带鱼群

当凶猛的大鱼冲过来的时候，小鱼们四散逃窜，就会分散大鱼的注意力，使它顾此失彼，不知追捕哪条小鱼。

这样，就给弱者增加了逃生的机会。

鱼群的目标，显然要比孤零零一条鱼大得多。这对小鱼来说，无疑

热带鱼群

是不利的。但是，在光线昏暗的水域里，如果目标特别大，也会使肉食性鱼类感到眼花缭乱，分不清其中的每一条小鱼。于是，鱼群中的成

动物科普馆 DONGWU KEPUGUAN

员就会感到比较安全。当然，有的肉食性鱼类
也会采取集体行动。不过，它们成群活动不是
为了逃避更加凶猛的鱼类，而是共同协作，把
小鱼们团团围住，更好地捕食小鱼。

§为什么鱼的身体上有侧线

大多数鱼的身体两侧都各有一条侧线，侧线对鱼类生活的作用很大。侧线对水振动的感觉十分灵敏，能帮助鱼感觉到周围的情况。当周围有其他鱼游过来或者遇到障碍物的时候，鱼身体周围的水会产生振动，侧线不但能感觉水流很微小的振动，而且也能感觉到周围的声音，因为声音也

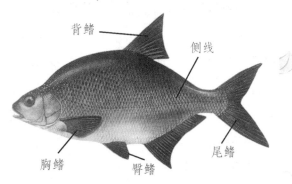

背鳍　侧线　尾鳍　胸鳍　臀鳍

欧洲鳊鱼

会使水产生振动。

此外，海洋深处很黑暗，眼睛无法发挥作用，还有些鱼的眼睛功能已经退化，鱼只能靠侧线周围的情况。有了侧线的帮助，鱼就可以在乱石丛中随意游动了。

侧线之所以有这样的功能，是与侧线有完整的神经组织有关。在鱼体外表的侧线是些小孔，这些小孔接通皮下侧线管，管壁上分布有许多感觉细胞，靠感觉细胞上的神经末梢，通过侧线神经而直达脑部，形成了一个统一的神经网，使鱼大脑能及时地感觉到水的波动，并作出迅速的反应。

§ 南极的鱼为什么不怕冷

在人类到达南极之前，人们一直以为那里的海洋中一定不会有什么生物，因为南极实在是太冷了。但是，事情并不像人们预想的那样。

1899年，一些探险家到南极考察，发现在南极海水中竟有100多种鱼在游来游去，还有一些磷虾在冰凉的水中也活得挺潇洒，似乎根本就不怕冷。

南极的鱼为什么能够抵御严寒呢？100多年来，科学家们一直在寻求这些鱼为何能在冰冷的水中生活的答案，但始终没有得到满意的

动
物
科
普
馆
DONGWU KEPUGUAN

jié guǒ
结果。

wèi le lòngqīngnán jí yú dòng bù sǐ de yuán yīn　kē xué jiā biàn bǎ
为了弄清南极鱼冻不死的原因，科学家便把

zhè xiē yú dài huí lái jiě pōu yán jiū　zhōng yú lòngqīng le　tā menkàngdòng
这些鱼带回来解剖研究，终于弄清了它们抗冻

de ào mì　yuán lái　zhè xiē nán jí yú tǐ nèi néng zì háng zhì zào hé
的奥秘。原来，这些南极鱼体内能自行制造合

chéng zhī lèi hé jiǔ jīng　bìng jī xù qǐ lái　zhè xiē wù zhì jiù xiàng rén
成脂类和酒精，并积蓄起来，这些物质就像人

zài qì chē yóuxiāngzhōng shǐ yòng de fángdòng yè　yī yàng　néng qǐ fángdòng
在汽车油箱 中使用的防冻液一样，能起防冻

zuò yòng　cǐ wài　nán jí yú tǐ nèi hái yǒu yī zhǒng zǔ zhǐ shuǐ fēn zǐ
作用。此外，南极鱼体内还有一种阻止水分子

jié bīng de dàn bái zhì　zhè zhǒng dàn bái zhì zài xuè yè hé xì bāozhōng bù
结冰的蛋白质，这种蛋白质在血液和细胞中不

duàn zhuàng jī jǐ
断 撞 击挤

yā tǐ nèi de shuǐ
压体内的水

fēn zǐ　shǐ tā
分子，使它

wú fǎ jié bīng
无法结冰。

南极鱼

84

§鱼身上的黏液有什么用

生活在水中的鱼类，有些鳞片已经退化，由皮肤直接与外界相接触。在它们的皮肤上有一种黏液腺，黏液腺里的细胞能分泌大量的黏液，黏液布满鱼的全身，形成了一个黏液层，使它们的皮肤十分光滑。

你知道鱼身上的黏液有什么用途吗？

黏液的作用可

大鳞四须鱼

动物科普馆 DONGWU KEPUGUAN

大啦！它可以对鱼的身体起到保护作用，防止细菌、霉菌、寄生虫和其他微小生物的侵蚀，防止有害物质进入体内，以保证鱼的正常生存。

黏液对某些鱼来说，还是逃命的法宝。比如鲶鱼的身体表面就有一层黏液，使敌害很难捉到它。泥鳅也是依靠黏液，才能够在泥水中通行无阻。

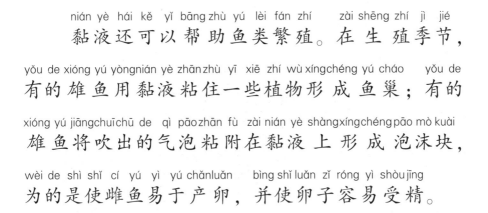

黏液还可以帮助鱼类繁殖。在生殖季节，有的雄鱼用黏液粘住一些植物形成鱼巢；有的雄鱼将吹出的气泡粘附在黏液上形成泡沫块，为的是使雌鱼易于产卵，并使卵子容易受精。

海鱼的肉为什么不是咸的

在海洋中，生活着数不清的鱼类，其中有许多种是人们喜欢吃的美味。海水既咸又苦，含有大量的盐分，据测定，海水中含盐量大约为3.5%。可能有的小朋友要问了：海水中含盐这样多，海洋里的鱼时刻要喝海水，盐分要向鱼体内渗透，可

双髻鲨

shì wèi shén me hǎi yú de ròu què yī diǎn yě bù xián ne
是，为什么海鱼的肉却一点也不咸呢？

yuán lái shēng huó zài hǎi shuǐ zhōng de yú kě yǐ fēn wèi yìng gú
原来，生活在海水中的鱼，可以分为硬骨

yú lèi hé ruǎn gú yú lèi liǎng dà lèi yìng gú yú lèi de sāi nèi yǒu yī lèi
鱼类和软骨鱼类两大类。硬骨鱼类的鳃内有一类

gōng néng tè shū de xì bāo jiào mì yán xì bāo mì yán xì bāo néng fēn
功能特殊的细胞，叫泌盐细胞。泌盐细胞能分

mì chū yán fèn tā men néng gòu xī shōu xuè yè lǐ de yán fèn jīng guò
泌出盐分，它们能够吸收血液里的盐分，经过

nóng suō jiāng yán suí nián yè yī qǐ pái chū tǐ wài yóu yú zhè xiē mì yán xì
浓缩将盐随黏液一起排出体外。由于这些泌盐细

bāo gāo xiào lǜ de gōng zuò shǐ hǎi yú tǐ nèi shǐ zhōng bǎo chí zhe dī
胞高效率的工作，使海鱼体内始终保持着低

yán fèn
盐分。

hǎi shuǐ ruǎn gú yú lèi bǎo chí tǐ nèi dī yán fèn zé yǒu lìng yī tào běn
海水软骨鱼类保持体内低盐分则有另一套本

lǐng tā men de xuè yè zhōng hán yǒu gāo nóng dù niào sù shǐ xuè yè nóng
领。它们的血液中含有高浓度尿素，使血液浓

dù bǐ hǎi shuǐ nóng dù gāo zhè yàng jiù kě yǐ jiǎn shǎo yán fèn de shèn rù
度比海水浓度高，这样就可以减少盐分的渗入，

yīn cǐ hǎi yú de ròu jiù shǐ zhōng bù huì biàn xián le
因此，海鱼的肉就始终不会变咸了。

动物科普馆 DONGWU KEPUGUAN

礁石丛中为什么鱼多

世界上大约有一半的鱼都生活在礁石和珊瑚丛中，你知道这是为什么吗？

原来，在海底密布的礁石中，有很多洞和缝隙，这里是各种鱼类理想的生活及繁殖处，既少干扰又安全，渔民一般是对这里的鱼无能为力的。另外，礁

鹦嘴鱼

90

石上长满了各种各样的藻类，是很多鱼类理想的食物。此外，鱼类都有一种习性，它们喜欢接触固体，礁石的环境很适合于它们这种习性。它们在礁石中游来游去的同时，不断用身体去碰撞和摩擦礁石，尽情地嬉戏，显得十分有趣。

同样道理，海中的珊瑚礁地形复杂，食物丰富，也是鱼类喜欢聚居的地方。珊瑚礁适合于生存体型较小的和身体侧扁的鱼，如蝴蝶鱼类等，这类鱼可以在珊瑚丛中

热带蝴蝶鱼

动物科普馆 DONGWU KEPUGUAN

zì yóu de yóu lái yóu qù
自由地游来游去。
yá chǐ jiān yìng néng chī shān hú de yīng zuǐ yú yě
牙齿坚硬能吃珊瑚的鹦嘴鱼也

xǐ huān shēng huó zài zhè lǐ
喜欢生活在这里。
hái yǒu yóu yú shān hú jiāo de huán jìng fù
还有，由于珊瑚礁的环境复

zá sè cǎi bīn fēn
杂，色彩缤纷，
suǒ yǐ hái yǒu bù shǎo yú yǐn cáng zài shān hú cóng
所以还有不少鱼隐藏在珊瑚丛

zhōng táo bì tiān dí de zhuī jī
中，逃避天敌的追击。

低等动物
DI DENG DONG WU

§ shén me shì hǎi mián dòng wù
什么是海绵动物

hǎi mián de xíngzhuàng shí fēn qí tè　　yǒu de xiàngpíng zi　　yǒu de
海绵的形状十分奇特，有的像瓶子，有的

xiàng hào jiǎo　　yǒu de chéngyuán qiú xíng huò tuǒ yuánxíng　　bù tóng lèi de hǎi
像号角，有的呈圆球形或椭圆形，不同类的海

mián fēn bié jù yǒuxiān yàn de zǐ sè　　fěn hóng sè　　chéng sè huò lán sè
绵分别具有鲜艳的紫色、粉红色、橙色或蓝色。

tā men de shēn tǐ jié gòu
它们的身体结构

shí fēn jiǎn dān　　yǒu yī
十分简单，有一

gè huò duō gè jù yǒu kǒng
个或多个具有孔

huò dòng de náng　　zhǐ
或洞的囊。只

yǒu yī gè kǒng　　tóng shí
有一个孔，同时

qǐ zhe kǒu hé gāngmén de
起着口和肛门的

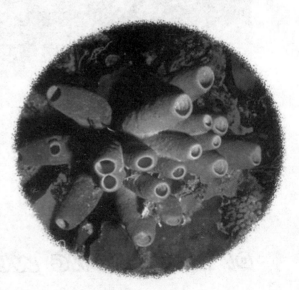

海绵

94

作用。身体的外部具有能分泌毒液的触手。

海绵动物大多生存在浅海、深海中，少数附着于河流、池沼的底部。在海岸边上可以看到成群的海绵。

大多数海绵具有骨架，而且它们的形状也各不相同。最大的海绵有1米高，直径约90厘米，像个大花瓶。最重的海绵像一个大球，里面可盛100升水，这些水的重量是干海绵的30几倍。

海绵看上去很像植物。它们像植物一样固

海绵

定在一处生长，但它们的确是动物。它们身上的孔帮助它们获取海水中的浮游生物。它们口朝下附着于海底。

海绵由许多没有分化的细胞组成，这些细胞已初步懂得了分工的好处。它们具有鞭毛，让水在体内流动，以获取食物。造骨细胞专门分泌制造各种形状的骨针，骨针聚合起来构成了海绵的骨架。

§ 千姿百态的海葵

海葵是附着在礁石和海岸边的防坡上，或住在浅水里的生物。潮退时，海葵看起来像一团团的糊状物。

完全浸在海水里时，它们看起来就像花朵，因为海葵的身体呈瓶

海葵

状，顶部周围有一些短小的触角，像花瓣一

样。可是，它们并不是植物而是动物。海葵是食肉动物，以碰及触手的小动物作为食物。触手上布满刺螫细胞，可使游过的小鱼

海葵

小虾麻痹，然后用触手把这些鱼、虾拉进口里。

海葵静静地躲在海底的沙地中享受着悠闲的岁月，它们从不挪动身体寻找食物。海洋中的食物真是太丰富了，它们只要伸伸触须，就可以捕捉到那些大意的家伙了。

尽管海葵的触须有毒，而且在捕食时十分有

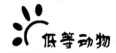

yòng dàn shì tā men hái shì bù kě bì miǎn de chéng wèi yī xiē dòng wù de
用，但是它们还是不可避免地成为一些动物的

xī shēng pǐn zhè xiē hǎi shēng dòng wù néng fēn mì chū mǒu zhǒng huà xué wù
牺牲品。这些海生动物能分泌出某种化学物

zhì lái zhōng hé hǎi kuí chù xū de dú xìng shǐ tā wú fǎ zài zhē bié de
质来中和海葵触须的毒性，使它无法再蜇别的

dòng wù
动物。

动物科普馆 DONGWU KEPUGUAN

_{hǎi xīng wèi shén me shā bù sǐ}
§海星为什么杀不死§

^{hǎi xīng shì yī zhǒng mó yàng měi lì　sè cǎi xiān yàn de hǎi yáng shēng}
海星是一种模样美丽、色彩鲜艳的海洋生

^{wù　tā zhǎng zhe fàng shè zhuàng de wàn shǒu　yī bān shì　zhī　yě yǒu}
物。它长着放射状的腕手，一般是5只，也有

^{zhī huò　zhī de　kě shì hǎi xīng suī rán měi lì　yú mín men kě bù}
14只或24只的。可是海星虽然美丽，渔民们可不

^{huì yīn cǐ ér duì tā}
会因此而对它

^{yǒu rèn hé de hǎo}
有任何的好

^{gǎn　yīn wèi tā yǐ}
感，因为它以

^{mǔ lì　wén há}
牡蛎、文蛤、

^{yí bèi děng ruǎn tǐ}
贻贝等软体

海星

^{dòng wù wèi shí　zhè zhí jiē sǔn hài le yú mín de lì yì　yǐ qián yú mín}
动物为食，这直接损害了渔民的利益。以前渔民

100

抓到海星之后，恨不得将它碎尸万段。一开始他们把海星切成很碎很碎的小块块，然后把它们扔回大海，以为这样肯定会要了它的命。可是他们想错了。

回到大海之后，海星的每一块碎片都能重新繁殖出新的海星，危害更加大了。不过后来人们发现了这个事实，就不再用这个方法对付海星了。

以前，由于科学不发达，渔民们认为海星有许多条命。其实，这是典型的动物再生现象。

再生是某些动物的一种特殊本能，是动物和外界恶劣环境作斗争的一种手段。研究动物的再生能力，对探讨人的肢体再生途径有很大启发意义。

无脊椎动物

无脊椎动物这一名词是与有脊椎动物相对而言的，这包括除脊椎动物外的所有动物。这一大类动物的身体结构都比较简单、原始，中轴没有由脊椎骨所组成的脊椎，神经系统在消化管的腹面，心脏在背面。无脊椎动物的种类非常庞杂，现存的种类至少有100多万种，已灭绝的种类则更多。无脊椎动物已知有30余个门类。主要包括原生动物、海绵动物、腔肠动物、扁形动物、环节动物、软体动物、节肢动物、棘皮动物等。

§带刺的海胆§

海胆身体表面布满了坚硬的芒刺，整个形状就像仙人球或刺猬一样，由于它生活在海里，所以得了个雅号——"海中刺客"。渔民常把它称为"海底树球"、"龙宫刺猬"、"刺锅子"、"刺球"或"海伞"等，这也是根据它呈球状或半球状

海胆

的身体和浑身披着能活动的棘刺命名的。

海胆体型相差很大，大的直径可以达到30厘米，而小的直径只有几毫米而已。海胆生殖器官和排泄器官长在布满芒刺的背部，而它的口却长在圆球似的身体的底部，这和海星很相似，但它腹部的口中有5颗锐利的牙齿。口边还有5对

海胆

管足状的触手，这些触手就是帮助它摄取食物用的。它的肠管很发达，盘旋蜿蜒，消化力很强。

海胆不仅是一种上等的海鲜美味，还是一种贵重的中药材。我国很早就有海胆药用的记载，近代中医药认为"海胆性味咸平，有软坚散结、化痰消肿的功用，可治疗瘰疬痰咳、积痰不化、胸肋胀痛等症"。

动物科普馆 DONGWU KEPUGUAN

§ 抛肠逃命的海参

海参是生活在浅海海底的一类棘皮动物。

圆筒形的身体上长满肉刺，形似黄瓜。它没

有强有力的自卫武器，但有快速游泳的本领。它

一头的嘴部围

着一圈触手，

用来吮吸收

集食物微粒。

海参遇到危险

时，它就从

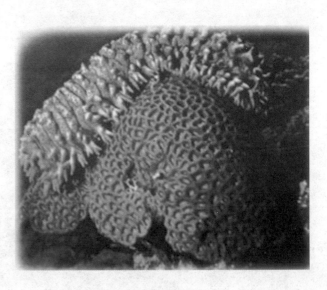

梅花海参

肛门中射出长长的黏稠纤维。有时带毒，类似洗衣机的管子，把侵犯者包裹住。而当海参刚刚被吃掉时，它会迅速排出自己的内脏，经过几个星期的休养生息，这些内脏会再生出一个完整的新的动物体来。若把海参切成两段放回大海中，几个月后，每段都能生成一个海参。这种抛出内脏诱惑敌人的自卫方式，在动物界可算是独一无二了。海参种类很多，广布世界各大海洋中，中国出产的可供食用的就有20多种，其中刺参、梅花参为上品。

动物科普馆 DONGWU KEPUGUAN

§ 美丽的海中森林——珊瑚

在温暖清澈的海水中，常有珊瑚岩石，珊瑚的外观如同植物，但实际上它们却是地地道道的动物，与海葵同属腔肠动物中的花虫类。其枝上的"花"便是由无数的珊瑚虫聚集而成的。珊瑚虫是一种水螅状的腔肠动物。它们利用触手

珊瑚

捕食浮游生物，每个珊瑚虫栖居在一个杯状的珊瑚骨骼中。一些珊瑚虫死后，另外的珊瑚虫在老的珊瑚骨骼顶上营造新杯。因此，珊瑚不断增大增高。

在大海中的珊瑚，五颜六色，变化万千。它们有的像松树，有的像花朵，看上去真像千姿百态的植物。形成的珊瑚

蝴蝶鱼

礁是五光十色的小虾、海葵、海星、海蛞蝓和海环虫的家园。珊瑚礁间还有色彩斑斓的刺尾鱼、雀鲷等鱼类。

109

各种动物在珊瑚礁间产下大量的卵和后代，其中许多被生活在珊瑚礁的其他动物吞食。藏身在珊瑚中或在珊瑚间成群游动的小鱼，会遭鲨鱼、石斑鱼等大鱼的捕食。

珊瑚虫同样常遭吞食，蝴蝶鱼会把珊瑚虫逐个吞吃；嘴像鹦鹉喙一样的鹦嘴鱼，一口能咬下一大块珊瑚。美丽的珊瑚是由珊瑚虫所分泌的石灰质构成的，而珊瑚虫本身则凭靠它们的触须捕捉漂浮而过的海藻微生物为生。生活在西太平洋的鹿角珊瑚是生长得最快的珊瑚。在适当的条件下，每年可以增高10厘米。它们生活在较浅的水域中，通常在落潮时可以看见它们的尖端露

chū shuǐ miàn xiàng suǒ yǒu de shān hú yī yàng tā men fù yǒu liǎng
出水面。像所有的珊瑚一样，它们附有两

zhǒng shān hú chóng yī zhǒng fù zé jiàn zhù zhǔ gàn ér lìng
种珊瑚虫，一种负责"建筑"主干，而另

yī zhǒng fù zé liǎng cè
一种负责两侧。

动物科普馆 DONGWU KEPUGUAN

§ 为什么水母可以预测风暴

水母是海洋中一种像降落伞似的古老的腔肠动物。每当大海风平浪静的时候，水母就在近海处悠闲自得地升降、漂游；每当风暴来临之前，它们会纷纷离开海岸，游向大海深处，从来都不会判断错误。

水母为什么能预知风暴的来临呢？科学家经过多年的观察与

水母

研究，发现水母有一套构造特殊的听觉器官。当海上风暴来到之前，空气与海浪相摩擦，会产生出一种人身感觉不到的振动频率为 8～13 赫兹的次声波。次声波传播的速度比风暴快得多，它冲击着水母的听石，听石又刺激神经感受器，水母就能预感到即将来临的风暴了。

科学家模仿水母的感受器，设计了风暴预报仪，一般可以提前十几个小时作出风暴预报，从而保证了海上航行的安全。

水母是一种古老的生物，属于浮游生物，一般都是独居，非常分散，有时也偶尔成群结队。水母绝大部分时间都在游动，收缩、放松是水母游泳的规则动作。水母都以活的生物为食，是一种肉食性动物。猎物一旦接近水母的触手陷阱，触手的恐怖机关立即启动，触手皮肤上有刺丝囊的特殊刺细胞，囊内有毒液和细倒钩，触手的纤毛一探测到猎物就释放毒液，使猎物中毒。水母没有骨骼、外壳、保护甲，所以非常脆弱。

动物科普馆 DONGWU KEPUGUAN

§ 蚯蚓吃泥土吗 §

蚯蚓对人们来说是非常熟悉和普通的。蚯蚓的身体由许多环节构成，每一节都生有刚毛，用来支撑身体伸缩运动。蚯蚓在进食的过程中会促进植物成分的分解，使得其中有益的营养成分渗入土中。

它们不断地在土里掘洞，使空气循环流通，也使雨水可以适量排走。如果没有蚯蚓，泥土很快就会变得坚硬，毫无生命力。

蚯蚓在掘洞时会

蚯蚓

将泥土堆放在一边或直接将其吞下作为食物，有些蚯蚓把吞咽下的泥土带到地表，又以小土粒或蚯蚓粪的形式将其排泄出来。

蚯蚓也会爬出洞外，拖一些地上的植物残叶为食。

如果一条蚯蚓失去了身体的一部分，它具有再生这部分的能力，新的节将生长在身体的前后两端。

§吸血的蚂蟥§

蚂蟥的学名叫水蛭，是一类高度特化了的环节动物。大多数种类生活在淡水中，少数为海水或咸淡水种类，也有陆生的。体上无刚毛，在水中以身体伸缩作波浪式路线前进，在物体上用吸盘吸附，然后身体收缩前进。

常吸食人畜血液，吸食时由于它的唾液中的水蛭素能使血液不凝，所以

蚂蟥

水蛭的吸血量很大，一次吸血可维持生活200多天，甚至一年内不再吸血。因此，中医药中用活体吸取病人的脓血，或减轻断指等再植术后的瘀血，中医还将水蛭干燥泡制后入药，通瘀活血，治疗中风、痈肿。当然吸血也会给人畜带来疾患，被吸部位溃疡或被传播某些寄生虫。

§ 最大的贝——砗磲

如果你看到砗磲,一定为其之巨大而感到惊讶。砗磲的贝壳大而厚,一般长1米,大的可达1.8米,重约250千克,为双壳贝之冠,一扇贝壳可比浴盆还大,因而往往有人用砗磲的贝壳作浴盆洗澡。它的肉可食。

砗磲生长在浩瀚的太平洋和印度洋的热带海域中,我国的海南岛、西沙群岛均有分布。它的贝壳通常为白色,外面披一层薄薄的灰绿色的"外衣",不仅有孔雀蓝、粉红、翠绿、棕红等鲜艳的颜色，而且还有各色的花纹。在蔚蓝的海水中，看上去宛如盛开的花朵。砗磲的寿命很长，有人估计它可以活数百年。这样长的寿命，可以与爬行动物中的龟相比。

砗磲与藻类的共生关系也是十分有趣的。砗磲在外套膜中"种植"了许多藻类作为食料，在一般情况下作为补充食料，特殊情况下成为主要食物，所以砗磲千方百计使藻类长得快、长得多。当砗磲被潮水淹没时，它把壳张得大大的，使着藻

砗磲与人体大小比较

120

类的组织充分外露，吸收光线；砗磲的外套膜边缘还生有许多特殊的"透光器"，它可以聚散光线，并可把光线散到外套膜组织的深层，扩大藻类的繁殖区。而藻类借砗磲外套膜提供的条件，充分利用空间、光线和代谢产物以及二氧化碳进行繁殖。它们彼此都有利。有人猜想，砗磲长得如此巨大，与以藻类为食有关。

动物科普馆 DONGWU KEPUGUAN

§美丽的海螺

如果你在海滩上随手捡起一只贝壳，多半是一个空的海螺壳，海螺属于软体动物中的腹足类。所谓腹足类动物就是体内的重要器官都集

刺海螺

生活在大西洋浅海中

中在巨大的足部附近。单壳贝类则指它们大都只有一个螺旋形外壳，不像双壳贝类具备两片似韧带相连的外壳。腹足类是软体动物中最庞大的家族，分布地球各大海洋的腹足类，起码超过4万种。

海洋中的贝类

海螺、扇贝、牡蛎、珍珠贝、鹦鹉螺等，这些生活在海洋中的贝类，都长着色彩纷呈、形状各异的壳，看上去非常坚硬，而事实上，它们都属于软体动物。它们柔软的身体表面有一层膜，能产生富含钙质的液体，贝类的外壳就是这样形成的。

海贝类都有头和足，体内有内脏

宝贝贝壳

团。它们的内脏团有消化、循环、排泄、生殖等各种功能。它们用腮呼吸，许多贝类没有眼睛。海贝的体形差别较大。小型贝类的壳径和壳高只有几毫米，最大的贝类的外壳却长达1.5米，重达300千克。

海贝死去后空壳会被冲到海滩上。它们的品种繁多，但可以分成两大类：海蜗牛和双壳贝。海蜗牛像陆地上的蜗盾，有一个螺旋状的壳。双壳贝有两个半壳绞接在一起。海蜗牛有嘴而且长满了小而尖的牙，用来吃海藻或其他动物，而双壳贝是直接从海水中滤取食物碎片的。

§ 鹦鹉螺 §

鹦鹉螺为一种古老的软体动物，在3.5亿年前的地球上就出现了，目前仅存约4种，它们生活在热带或者亚热带的深海中。鹦鹉螺有个美丽又坚硬的外壳，在一层灰白色的底色上，分布着橙红或者浅褐色的花纹，壳内是闪光的银白色珍珠层，算

鹦鹉螺

得上是一件艺术品。鹦鹉螺柔软的身体藏在壳里，左右对称。从壳中心到壳口，有一道道隔膜将壳分成许多像房间一样的气室。螺是靠浮边游动的。

鹦鹉螺的壳主要由气囊组成，它的身体大部分都在壳外，当鹦鹉螺长大时，壳中又会形成新的气囊，来补偿新生长的身体重量。

鹦鹉螺的口周围和头的两侧长有约七八十只触手，捕食时触手全部展开，休息时触手都缩回壳里，只留一两个进行警戒。

动物科普馆
DONGWU KEPUGUAN

鹦鹉螺生长线

现代科学工作者在鹦鹉螺这种普通的海洋动物身上还有一个惊人的发现，就是在鹦鹉螺的小室壁上，都有着一条条清晰可见的环形纹路，而且每一面壁上都固定着这样的30条纹路，人们把它们命名为"生长线"。而这30条生长线恰巧是现今月亮绕地球1周的天数，也就是一个月有30天。后来，人们又在研究埋藏于各个不同的地层下面的鹦鹉螺化石时，发现凡是属于同一个地质年代的鹦鹉螺，它们身体内的生长线数目是一样的。规律则是，地质年代越久远，也就是越早，鹦鹉螺身上的生长线也就会越少。如此可以证明，在越是古远的时代，月亮离地球越近，那时月亮绕地球的时间也就越短。

bàng ké lǐ zhǎng chū de zhēn zhū
§蚌壳里长出的珍珠

zhēn zhū yuán yú dà hǎi shì dà zì rán chuàng zào de yī gè qí
珍珠源于大海，是大自然创造的一个奇

jī tā shēng jiù yī gè fù guì mìng shǐ zhōng shì zhū bǎo shì wù zhōng
迹。它生就一个富贵命，始终是珠宝饰物中

zuì pǔ shí diǎn yǎ de yī zhǒng
最朴实、典雅的一种。

tiān rán de zhēn zhū shì yóu yú hé bàng děng bèi lèi de wài tào mó
天然的珍珠，是由于河蚌等贝类的外套膜

shòu dào yì wù qīn rù de cì jī hòu shòu cì jī de shàng pí xì bāo jiù
受到异物侵入的刺激后，受刺激的上皮细胞就

yǐ yì wù rú shā lì huò jì shēng chóng wèi hé xiàn rù wài tào mó
以异物（如砂粒或寄生虫）为核，陷入外套膜

de zǔ zhī zhōng xiàn rù bù fēn de wài tào mó xì bāo néng zì háng fēn liè
的组织中。陷入部分的外套膜细胞能自行分裂

xíng chéng zhēn zhū náng zhēn zhū náng xì bāo fēn mì zhēn zhū zhì yī céng
形成珍珠囊，珍珠囊细胞分泌珍珠质，一层

fù yī céng dì bǎ hé bāo qǐ lái jiù xíng chéng le zhēn zhū qí zhōng yǐ
覆一层地把核包起来，就形成了珍珠。其中以

珍珠贝所形成的最佳，是人工育珠中的著名种类。我国是世界上最早进行人工培育珍珠的国家，远在宋代就发明了人工养珠法。从20世纪50年代开始，人工育珠在我国发展很快。广东、广西、海南等沿海地区建立了海水养珠场，上海、江苏、湖南、浙江等地则大力发展淡水养珠，大大地提高了珍珠的产量。

由于天然形成的珍珠很少，人们就利用珍珠的形成

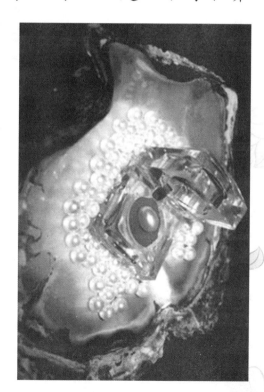

用珍珠做的首饰

动物科普馆
DONGWU KEPUGUAN

动物科普馆 DONGWU KEPUGUAN

yuán lǐ　yòng rén wèi de fāng fǎ jiāng zhēn zhū bèi huò hé bàng děng de wài tào
原理，用人为的方法将珍珠贝或河蚌等的外套

mó qiē chéng xiǎo piàn yí zhí dào yù zhū bàng de zǔ zhī zhōng　yīn bèi qiē xià
膜切成小片移植到育珠蚌的组织中，因被切下

de wài tào mó xiǎo piàn
的外套膜小片

shì shòu shāng de
是受伤的，

tā yǔ zhōu wéi méi yǒu
它与周围没有

shòu shāng de jī tǐ
受伤的机体

zhī jiān xíng chéng le
之间形成了

diàn wèi chā　yǐn qǐ
电位差，引起

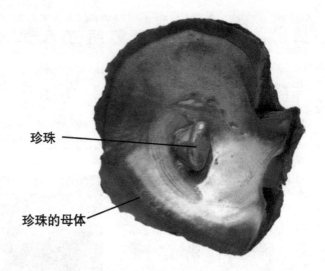

珍珠

珍珠的母体

珍珠贝

shēng wù diàn liú　shǐ gài zhì bù duàn xiàng zhēn zhū náng fāng xiàng yí dòng
生物电流，使钙质不断向珍珠囊方向移动，

chén diàn jié jīng chéng zhēn zhū　zhè zhǒng fāng fǎ xíng chéng de zhēn zhū wèi wú
沉淀结晶成珍珠。这种方法形成的珍珠为无

hé zhēn zhū　ruò yí zhí wù wèi bèi ké huò qí tā yuán liào　zé xíng chéng
核珍珠，若移植物为贝壳或其他原料，则形成

yǒu hé zhēn zhū
有核珍珠。

yǎng zhí zhēn zhū de jià zhí qǔ jué yú qí dà xiǎo　xíng zhuàng　sè
养殖珍珠的价值取决于其大小、形状、色

泽和重量。珍珠越接近圆形就越贵。梨形珍珠要四周匀称，扁平纽扣形珍珠也很值钱。而表面光滑，没有裂痕的珍珠最受欢迎。珍珠一般是重的比较珍贵，越重说明珍珠层的厚度越大。质轻的珍珠"核大皮薄"，易碎易裂易褪色。

珍珠多呈白色或黄色，灰色和微蓝色的珍珠因其钢灰色亮光和略带哀伤的外观而不太受人欢迎。

动物科普馆
DONGWU KEPUGUAN

§ 螺与贝

　　螺和贝是单壳软体动物，身体能产生含有钙质的液体，凝固后形成保护身体的外壳，像背着一座房子。用它那宽而扁的足在海底的岩石、沙质地、珊瑚礁上爬行。

　　芋螺的贝壳呈圆锥形或纺锤形，壳的表面光滑，通常有斑点和花纹。芋螺的体内有毒腺，可分泌毒液杀伤其他动物。

　　贝分布极广，全世界各海洋均有它们的踪迹。

　　贝有两枚壳，表面有从壳顶向腹面辐射的肋，肋间形成沟，整个壳面好像旧式瓦房的瓦楞。我国沿海约有50种贝，其中扇贝最为普通。

贝类有一个共同的特点就是有坚硬的外壳，里

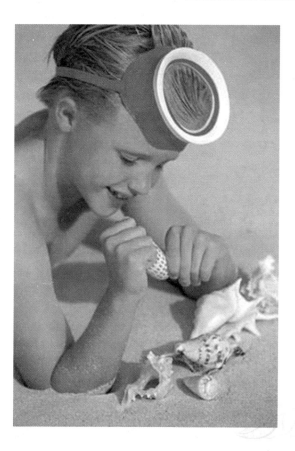

贝壳

面由肌肉构成，而身体外侧的一层外套膜像书的封皮一样，能分泌石灰质。外套膜里面有褶皱，上面有许多小孔，那就是鳃，它占据了壳内的大部分空间，其余则被胃肠等器官充满。

动物科普馆
DONGWU KEPUGUAN

bǎo bèi
§ 宝贝

bǎo bèi shì hǎi bèi zhōng zhī míng dù zuì gāo de bèi lèi　　céng jīng yǒu
宝贝是海贝中知名度最高的贝类，曾经有

hěn cháng yī duàn shí qī　　tā de bèi ké bèi zuò wèi huò bì zài mín jiān liú
很长一段时期，它的贝壳被作为货币在民间流

tōng　　yòng tā bù jǐn kě yǐ jiǎo nà fù shuì　　hái kě yòng lái huàn qǔ zhēn
通。用它不仅可以缴纳赋税，还可用来换取珍

guì de xiàng yá huò zhě shēng huó yòng pǐn　　zhǐ yào néng huàn de dōng xī
贵的象牙或者生活用品，只要能换的东西，

dōu kě yǐ yòng tā lái huàn
都可以用它来换

qǔ　　rú cǐ xiāng chuán
取。如此相传

xià lái　　yī qiē zhēn guì
下来，一切珍贵

de dōng xī dōu bèi chēng
的东西都被称

zuò le　　bǎo bèi
作了"宝贝"。

贝壳腹面

宝贝大多数生活在海洋底部，在河口附近的淡水中还不曾看到过它们的踪影。而热带珊瑚礁丛生的地方则是宝贝最喜欢活动的场所，从中、低潮区到更深些的泥沙质或礁岩质的海底，都可以发现它们活动的踪影。

宝贝大多是过着自由生活，有的种类也喜欢过寄生生活。它们在海水中行进缓慢，有些每分钟只能够前进1厘米，即使速度最快的每分钟也只能前进约15厘米。在潮水退去后，它们就躲在洞穴内或者礁石和藻类丛生的阴暗处不再爬动了。

宝贝很少在白天出来活动，多是在夜幕降临时才出来寻找食物，或者寻找配偶。它们从壳口探出身体，在珊瑚礁盘上或附近的沙滩上缓缓移动着。有时会翘起尾巴，然后又突然放下，这是一种高度警惕和自我防护的表现。

海贝含有较高的蛋白质，而且味美肉鲜，古今中外都把它当作餐桌上的美味佳肴。虽然宝贝在食用方面没有其他贝类那么广泛，但它仍然是宴席上的上乘海味。

宝贝早在汉代就已经作为药用。宋代《本草衍义》"紫贝，背上深紫，有黑点"；明代《本草纲目》中的"贝齿、白贝、海虫巴"等，都将宝贝的贝壳作为药物记载。

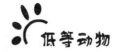

§海洋中的牛奶——牡蛎

　　牡蛎是双壳纲中著名的贝类，有较高的经济价值，是海贝养殖业的常见种类。牡蛎在各地的叫法不一，江苏、浙江一带称其为蛎黄，福建、广东一带称其为蚝，山东一带称其为海蛎子或蛎子。

　　牡蛎的肉鲜嫩可口，营养价值很高，其鲜肉含蛋白质超过10％，糖类超过4％，还有多种矿物质及维生素，素有"海中牛奶"之称。人们不但可以采捕自然生长的种类，还可以对其进行人工养殖。它同贻贝、扇贝一起构成了海水养殖业的重点品种，在海产品中占据了极其重要的地位。我国沿海所产的牡蛎各类大约有20余种，最常见的品种是近江牡蛎、密鳞牡蛎、褶牡蛎、长牡蛎和大连湾牡蛎等。

同时，牡蛎还是重要的药材，李时珍在其著作《本草纲目》中曾对牡蛎

密鳞牡蛎

作过详细的描述。牡蛎粉可以治盗汗、虚劳燥热等症，牡蛎内的珍珠层是明目的好材料，而牡蛎油即蚝油，更是闻名海内外。

§ "建筑奇才"——螺

螺是一位单身住宅建筑家，螺壳就是它精心设计的单身住房。我们知道，其他建筑师盖的房子都是固定在一个地方不能随意搬动的，但螺的住房不同，它既小又轻，附在房主人背上可以四处移动，十分方便。因此，螺不必为回家的问题而操心。

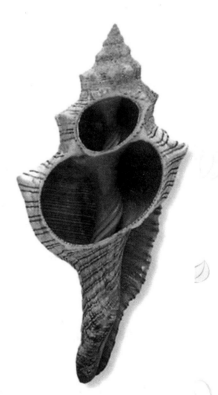

梯形马介壳。

螺类动物的外壳虽然都呈螺旋状，但在外形上却有很大区别，有像宝塔的，有像圆锥的，有像纺锤的，有像陀螺的，还有像盘子或越南式草帽的，更有像双锥的。有些螺长得圆溜溜的，看上去跟皮球或鸡蛋差不多。

螺壳的建筑非常考究，分内、中、外三层。中层最厚，用方解石筑成；外层用薄薄的、比较粗糙的彩色角质层作壳面，并常常饰以花纹；内层也很薄，用文石做成，被"加工"得特别光洁，因为这层壳紧挨着主人柔软、稚嫩的肉体。

螺壳的薄厚和坚固程度是根据所处自然环境来进行"设计"和"施工"的。在多石的水

140

底，为避免磨损，壳就长得很厚实；有些螺是过漂浮生活的，这类螺的壳长得非常薄而轻巧；在多淤泥的水底，螺怕陷到淤泥里爬不出来，所以壳口和壳体长出许多刺，这样就万无一失了。

有些螺还在足的后端长着一个角质或钙质的壳盖，这是当门用的，螺遇到不速之客侵扰时，立刻缩回身体，关起大门，给来客一个闭门羹。螺的坚固、美观、轻便的单身住房，深受海中的单身汉——寄居蟹的喜爱。螺死后，它的"房产"常常被不会盖房的寄居蟹占有。

地球上螺类分布得很广泛，海洋、湖泊、河流、田间、高山、沙漠均能找到螺类动物的

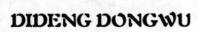
踪迹，连一些严酷的自然环境里，大多数动物都无法在其中生存，但某些种类的螺却能照常在那儿过日子。螺类动物之所以能浪迹天涯，四海为家，显然是与它们惊人的适应各种生活环境的能力分不开的。而这种能耐又与它们具有奇妙的螺壳有关。螺壳能御寒，能防热，还能避敌害，同时又能背着到处走，实在是一件建筑杰作。

§ 乌贼

wū zéi

乌贼是海中软体动物的一种，它不仅能像鱼一样在海水中快速游泳，还有一套施放"墨汁"的绝技。乌贼体内有一个墨囊，囊内储藏着能分泌天然墨汁的墨腺，在遇敌害或处于危急时刻时，墨囊收缩，射出墨汁，霎时，海水中"黑雾"滚滚，一片漆黑，自

无针乌贼

143

jǐ zé chèn jī táo zhī yāo yāo　　tā hái néng lì yòng mò zhī zhōng de dú sù
己则趁机逃之夭夭。它还能利用墨汁中的毒素

má zuì xiǎodòng wù　　suǒ yǐ yòu jiào mò yú
麻醉小动物，所以又叫墨鱼。

zài ruǎn tǐ dòng wù zhōng　　wū zéi kān chèng qiáng bīng hàn jiāng　　tā
在软体动物中，乌贼堪称强兵悍将。它

de shēn tǐ xiàng gè xiàng pí dài zǐ　　nèi bù qì guān bāo guǒ zài dài nèi
的身体像个橡皮袋子，内部器官包裹在袋内。

zài shēn tǐ de liǎng cè biānyuán
在身体的两侧边缘

yǒu ròu qí　　yòng lái yóu yǒng
有肉鳍，用来游泳

hé bǎo chí shēn tǐ píng héng
和保持身体平衡。

tóu jiào duǎn　　liǎng cè yǒu fā
头较短，两侧有发

dá de yǎn　　tóu dǐng zhǎng
达的眼。头顶长

kǒu　　kǒu qiāng nèi yǒu jiǎo zhì
口，口腔内有角质

乌贼

è　　néng sī yǎo shí wù　　wū zéi de zú shēng zài tóu dǐng　　suǒ yǐ yòu
颚，能撕咬食物。乌贼的足生在头顶，所以又

chèng tóu zú lèi yú　　tóu dǐng de　　tiáo zú zhōng yǒu　　tiáo jiào duǎn
称头足类鱼。头顶的10条足中有8条较短，

nèi cè mì shēng xī pán　　chèng wèi wàn　　lìng yǒu liǎng tiáo jiào cháng
内侧密生吸盘，称为腕；另有两条较长、

活动自如的足，称为触腕，只有前端内侧有吸盘。腕和触腕是乌贼的捕食和作战的武器，不仅弱小的生命将丧生于乌贼的腕下，即便是海中的庞然大物鲸，遇到体长达十余米的大乌贼也难对付。

动物科普馆
DONGWU KEPUGUAN

dà wáng wū zéi yǒu duō dà
§ **大王乌贼有多大**

dà wáng wū zéi jiū jìng yǒu duō dà　　dào xiàn zài wèi zhǐ　　hái méi yǒu
大王乌贼究竟有多大？到现在为止，还没有

rén néng shuō de chū　　yǒu rén cóng yì zhī mǒ xiāng jīng de dù lǐ qǔ chū yì
人能说得出。有人从一只抹香鲸的肚里取出一

zhī dà wáng wū zéi　　tā cóng jiǎo
只大王乌贼，它从角

shǒu de duān bù dào shēn tǐ de wěi
手的端部到身体的尾

bù zú yǒu　　　mǐ cháng　　lìng wài
部足有20米长；另外，

rén men zài xīn xī lán hǎi àn céng fā
人们在新西兰海岸曾发

xiàn yì zhī yǐ jīng sǐ qù de dà wáng
现一只已经死去的大王

wū zéi　　tā de cháng dù wèi
乌贼，它的长度为18

mǐ　　chú qù jiǎo shǒu de cháng dù
米，除去角手的长度，

大王乌贼

仅躯体就有2.4米多。因此，现代的一些科学研究工作者推测，最大的大王乌贼可能达到约21.5米，重约2吨，再大就不可能了。

100多年来，许多科学研究工作者为寻找和捕捉大王乌贼绞尽脑汁，付出了很大的代价，作了许多种尝试，但最终一无所获。

在南美洲大陆附近的大洋里，经常有大王乌贼出没，但它们个体较小，大约3米左右，重约150千克。它们常常冲入鱼群中，因此，常常落入渔民的网中。美国好莱坞的一个摄影组曾来到智利的海边，想拍摄大王乌贼的镜头，他们让摄影师躲进防鲨的铁笼中，然后将铁笼放入水中，以备拍摄。但是，这种铁笼子对鲨鱼

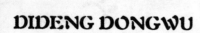
动物科普馆 DONGWU KEPUGUAN

有效，而对长角手的大王乌贼就没有捕捉效力了。因此，这个拍摄大王乌贼的计划没有成功。

现在，还有的学者提出用抹香鲸来寻找大王乌贼的踪迹，因为，抹香鲸能吞食大王乌贼，这一点不知是否能够实现，揭开大王乌贼之谜，还有待于科学家们继续努力。

§ 八爪章鱼

章鱼有个圆球形的身体，它的嘴巴就位于身体前端，8只有吸盘的手臂围在嘴的四周；嘴巴内有一对强有力的角质颚，可将猎物的身体咬碎，即使有像螃蟹那么硬的壳保护也无法幸免。

章鱼的身体下方有一个吸管，连接到一个包含有鳃的外套膜腔。章鱼就靠着将海水吸进外套膜腔后再喷

大章鱼

chū de fāng shì lái hū xī   cǐ wài   kào zhe zhè zhǒng fāng shì hái kě shǐ
出 的 方 式 来 呼 吸 。 此 外 ， 靠 着 这 种 方 式 还 可 使

tā huò dé yī zhǒng zuò yòng lì lái shǐ shēn tǐ wǎng hòu yí dòng   yǐ biàn bǔ
它 获 得 一 种 作 用 力 来 使 身 体 往 后 移 动 ， 以 便 捕

zhuō shí wù   táo bì dí rén huò dào chù lǚ xíng
捉 食 物 、 逃 避 敌 人 或 到 处 旅 行 。

zhāng yú hé wū zéi dōu yǒu mò náng tōng xiàng cháng nèi
章 鱼 和 乌 贼 都 有 墨 囊 通 向 肠 内 ，

dāng tā men yù dào wēi xiǎn shí   jiù huì yòng xī guǎn jiāng mò zhī pēn chū
当 它 们 遇 到 危 险 时 ， 就 会 用 吸 管 将 墨 汁 喷 出

lái   yǐ méng bì dí rén   shǐ zì jǐ cóng róng táo yì
来 ， 以 蒙 蔽 敌 人 ， 使 自 己 从 容 逃 逸 。

zhāng yú hé wū zéi shēn tǐ de nèi bù dōu jù yǒu gǔ gé bān de
章 鱼 和 乌 贼 身 体 的 内 部 都 具 有 骨 骼 般 的

ké   néng qiáng huà tā men de shēn tǐ   zhāng yú de ké yóu bái
"壳" ， 能 强 化 它 们 的 身 体 。 章 鱼 的 壳 由 白

sè shí huī zhì gòu chéng   wū zéi de zé yóu tòu míng de jiǎo zhì gòu
色 石 灰 质 构 成 ， 乌 贼 的 则 由 透 明 的 角 质 构

chéng
成 。

yīng wǔ luó hé zhāng yú shì tóng yī zǔ xiān   xiàng luó yī yàng
鹦 鹉 螺 和 章 鱼 是 同 一 祖 先 。 像 螺 一 样

yǒu ké   bù guò tā men yǒu   zhī chù shǒu   néng zài hǎi
有 壳 ， 不 过 它 们 有 60~80 只 触 手 ， 能 在 海

zhōng zì yóu dì yóu xíng
中 自 由 地 游 行 。

§ 蛞蝓、蜗牛 §
kuò yú   wō niú

kuò yú hé wō niú dōu shì shǔ yú fù zú lèi de ruǎn tǐ dòng wù　　tā
蛞蝓和蜗牛都是属于腹足类的软体动物，它

men de xuè yuán fēi cháng jiē jìn　　dàn shì yǒu yī gè zuì dà de bù tóng
们的血缘非常接近，但是有一个最大的不同：

wō niú shēn shàng yǒu yī gè zì jǐ zào de ké kě yǐ bǎo hù shēn tǐ　　ér
蜗牛身上有一个自己造的壳可以保护身体，而

kuò yú què méi yǒu
蛞蝓却没有。

wō niú hé kuò yú de nèi bù gòu zào　　yǒu hěn duō xiāng sì de dì fāng
蜗牛和蛞蝓的内部构造，有很多相似的地方：

蜗牛

tā men dōu yǒu yī gè
它们都有一个

ròu zú　　kě yǐ zài
肉足，可以在

dì shàng xiū xī huò
地上休息或

pá xíng　　tóu bù
爬行；头部

de qiánfāng yǒu zuǐ   zuǐ de shàngmiàn zhǎng zhe liǎng duì kě yǐ shēn suō de chù
的前方有嘴，嘴的上面长着两对可以伸缩的触

jiǎo   shàngmiàn nà duì chù jiǎo de mò duān yǒu yǎn jīng   xià fāng de chù jiǎo jiào
角，上面那对触角的末端有眼睛，下方的触角较

xiǎo   qí shàng yǒu yī xiē gǎn jué qì guān
小，其上有一些感觉器官。

kuò yú hé wō niú kào zhe ròu zú dào chù pá xíng   tā men yǐ zhí wù
蛞蝓和蜗牛靠着肉足到处爬行，它们以植物

wèi shí   xiān nèn de zhī yè gèng shì tā men de měi wèi jiā yáo   bù guò yě
为食，鲜嫩的枝叶更是它们的美味佳肴。不过也

yǒu yī xiē ròu shí xìng de kuò yú   yǐ chī qí tā kuò yú huò qiū yǐn wèi
有一些肉食性的蛞蝓，以吃其他蛞蝓或蚯蚓为

shēng
生。

zài kuò yú de qián bàn bù shēn tǐ de shàng biǎo miàn   yǒu yī yuán xíng lóng
在蛞蝓的前半部身体的上表面，有一圆形隆

qǐ   nà jiù shì tā
起，那就是它

de wài tào mó   wō
的外套膜。蜗

niú yě yǒu wài tào
牛也有外套

mó   bù guò tā de
膜，不过它的

蛞蝓

wài tào mó cáng zài ké
外套膜藏在壳

内。外套膜里面有一个空腔，内壁就像肺壁一

样布满血管，具有类似肺的作用，可用来呼吸，

空气便是由外套膜边缘的小洞进入体内。有的

蜗牛也可以生活在河流或湖泊中，但数量最多、

体形最大的则是色彩鲜艳的海蛞蝓和海蜗牛，它

们用鳃呼吸，以海绵、海藻和腔肠动物为食。

蜗牛的足上 长有一种 叫做足腺的

腺体，足腺能分泌出一种 黏液来帮助它爬

行，因此，在它爬过的地方，就留下一条黏液

的痕迹。这种 黏液干了以后，就形成了一

条发亮的涎线——也就是我们看见的白道了。

蜗牛在冬眠或夏眠时，足腺分泌出来的这种黏液在壳口形成一个薄膜，把身体严密地封闭在壳内，等到外界环境适宜时，再破膜而出来活动。

当外壳口部意外破损时，黏液在未破损的部分将身体封闭起来，一段时间后破损部分自行脱落，形成一个较小但却完整的壳体。这种黏液的功能多么奇特呀！

§ 昼伏夜出的蝎子

在世界上所有暖热地区都能发现蝎子，蝎子是一种很古老的陆地动物，早在大约四亿五千万年前，地球上就有650多个种类的蝎子遍布世界各地。

蝎子是肉食性的节肢动物，与蜘蛛是亲戚，但它的形态不像蜘蛛。蝎子浑身全副

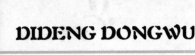

武装，周身披着壳质的铠甲，在不分节的头胸部，有单眼和复眼以及六对行动灵活的附肢。第一对钳状附肢叫螯肢，第二对是巨大的螯足叫脚须。其余四对是用来奔跑的步足。

蝎子的腹部较长，分布明显，前腹七节、较阔，后腹五节、较窄，末端有一球体，内藏毒液，突起部分形成尾刺，高高举起。蝎子昼伏夜出。一旦遇到猎物，立即用脚须钳住，尾巴钩转，用尾刺注射一针，将猎物毒死。它依靠一对大螯和一个尾刺，捕食蜘蛛或昆虫等。蝎子种类较多，分布在墨西哥和印度尼西亚、印度等地的毒蝎子能致人死亡。蝎子不仅对猎物凶猛，而且对"同类"也很残

忍。一旦雄蝎子完成授精作用，雌蝎子就凶相毕露，一口咬死雄蝎子作为食物。有趣的是，蝎子对后代却倍加爱护。蝎子是卵胎生的，产下的小蝎子往往攀登在母蝎子背上，逍遥自乐。母蝎子负子而行，极尽保护职责，直到幼蝎子成长到能独立谋生。蝎子是一味重要的中药材，全蝎子能入药，有镇疼、止痛、解毒等功效。

动物科普馆 DONGWU KEPUGUAN

蝎是一味重要的中药材，干燥的虫体可入中药，称全蝎，有解毒、止痛、镇疼等功效。许多地区捕捉自然种群，但不能满足医药上的需要。故在我国山东、河南等地，大力发展人工饲养蝎子。

蝎子为肉食性、夜行性动物，所以白天很少活动，而潜伏在碑石、枯叶下，夜间外出寻食。主要以昆虫、蜘蛛、小蜈蚣、盲珠、鼠和多足类等为食。能较长时间耐饥，甚至也能耐渴，可长期不喝水，喜干燥。蝎多产于热带。我国常见的钳蝎主要分布在北方及长江以南，另外，还有绿蝎、链蝎等。

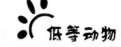

§ 百脚蜈蚣 §
bǎi jiǎo wú gōng

蜈蚣又名百脚，是多足类陆生动物，全世界有3000～5000种，其体形构造大致相同，身体分头与躯干两部分，有许多体节，每一个体节具有一对结构相似的步足，末端有爪，适于在山地迅速爬行。

多棘蜈蚣

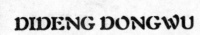
动物科普馆 DONGWU KEPUGUAN

蜈蚣均有毒，毒性强弱因种类及个体大小而异。

蜈蚣头部第一对步足突化为三角形的颚足，称

颚牙，先端尖锐，形呈钩状。内通毒腺，能

分泌毒汁。蜈蚣的个体大小悬殊。如分布在南美

洲的一种蜈蚣，个体甚小，它的体长仅为

0.48厘米，很容易被人误认为是黑蚂蚁。这是已

知蜈蚣中最小的一种。

§虾中之王——龙虾

龙虾是虾中之王，一般最小的个体也有20~40厘米长，体重都在0.5千克以上。其中的锦绣龙虾，是龙虾中的老大，重量在3~4千克以上，是世界上最大的虾，是虾中之王，它身上的"盔甲"五光十色，极为艳丽。

龙虾盔甲坚硬，浑身长刺，个头又大，显得威风凛凛。它们生性好斗，常攻击其他鱼类。但根本不会让其他动物害怕，因为它们除了一些防身武器之外，根本就没有什么攻击性的

wǔ qì ér qiě yòu yǒu yǒng wú móu zài yǔ wū zéi de bó dǒu zhōng wǎng
武器，而且又有勇无谋。在与乌贼的搏斗中往

wǎng yī wèi dì měng gōng héng chōng zhí zhuàng háo wú yī diǎn cè lüè
往一味地猛攻，横冲直撞，毫无一点策略

zhàn shù dòng zuò chí huǎn ér bèn zhuō wū zéi wǎng wǎng qiǎo miào dì zuǒ
战术，动作迟缓而笨拙。乌贼往往巧妙地左

duǒ yòu shǎn bì qí fēng máng dài lóng xiā lèi de jīng pí lì jié wū
躲右闪，避其锋芒，待龙虾累得精疲力竭，乌

zéi jiù xún jī jiāng qí qín
贼就寻机将其擒

huò měi cān yī dùn hái
获，美餐一顿。还

yǒu de yú xǐ bǔ shí lóng
有的鱼喜捕食龙

xiā yù dào lóng xiā shí xiān
虾，遇到龙虾时先

yī kǒu yǎo xià chù xū zài
一口咬下触须，再

bǎ fù zhī yī jié yī jié yǎo
把附肢一截一截咬

普通龙虾

diào lóng xiā què shù shǒu wú
掉，龙虾却束手无

cè jì bù táo bì yě bù fǎn kàng zhí dào bèi quán shēn zhī jiě tūn
策，既不逃避，也不反抗，直到被全身肢解，吞

shí dài jìn
食殆尽。

动物科普馆 DONGWU KEPUGUAN

龙虾生活在温暖的海洋里，我国有7~8种，东海和南海都有它们的踪迹。它们栖息在海底，白天隐匿在礁石缝里，夜间出来觅食。形态构造与游泳虾类相比有显著的不同，头胸部粗大，腹部比较短小，游泳足退化，基本上失去游

大龙虾

泳的功能，适应于爬行生活。龙虾第二对触角的基部有特殊的构造，摩擦眼睛下方的骨质板，会发出"吱吱"的响声，招引同类。

动物科普馆 DONGWU KEPUGUAN

龙虾的繁殖是颇有意思的：在夏秋繁殖季节，雌虾把卵紧紧地抱在腹部，一次要抱50万～100万颗之多。幼体在母体的"怀抱"里发育孵化。刚孵出来的幼体同成体毫无相似之处，身体扁平如一片叶子，故叫"叶状体"。叶状体经过半年的漂泊生活，几次蜕皮，终于变得像龙虾的样子。小龙虾又经过一个时期的游泳生活之后，"定居"海底过爬行生活。在野生情况下，每一万颗卵约有一颗能长至成熟期。

龙虾的肉厚质实，滋味鲜美，是比较名贵的海味。

§ 为什么说南极磷虾是未来食品

南极磷虾是南极海域里的特有水产品。它的外貌同对虾很相似，只是要小一些，通常的长度为4~5厘米，最长的可达9厘米。南极磷虾的鳃是裸露在外面的，它的眼柄腹面、胸部和长腹部附肢的基部，长有几粒金黄而略带红色的球形发光器官，

南极鳞虾

165

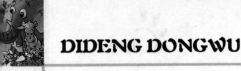

动物科普馆 DONGWU KEPUGUAN

néng gòu zài yè wǎn fā chū qiǎn lán sè de lín guāng　suǒ yǐ bèi chēng wèi nán
能够在夜晚发出浅蓝色的磷光，所以被称为南

jí lín xiā
极磷虾。

　　rú guǒ yào shuō dào shì jiè shàng nǎ yī zhǒng dòng wù de shù liàng zuì
如果要说到世界上哪一种动物的数量最

duō　nà jiù yào suàn shì nán jí lín xiā le　yóu yú fán zhí jí kuài tiān
多，那就要算是南极磷虾了。由于繁殖极快，天

dí shǎo　suǒ yǐ nán jí lín xiā de shù liàng duō de jīng rén　zuì duō de dì
敌少，所以南极磷虾的数量多得惊人。最多的地

fāng　měi lì fāng mǐ shuǐ zhōng jìng yǒu　　zhī　yǒu rén zuò guò gū
方，每立方米水中竟有63000只！有人做过估

jì　nán jí hǎi yù lǐ měi nián yùn cáng de lín xiā kě dá　yì dūn　rú
计，南极海域里每年蕴藏的磷虾可达50亿吨，如

guǒ měi nián bǔ lāo　　　wàn dūn　jiù xiāng dāng yú mù qián shì jiè shàng
果每年捕捞15000万吨，就相当于目前世界上

yú yè zǒng bǔ lāo liàng de liǎng bèi　zhè yàng jì bù pò huài qí zī yuán
渔业总捕捞量的两倍，这样既不破坏其资源，

yòu kě bǎo zhèng quán rén lèi duì shuǐ chǎn pǐn de xū yào　yóu yú nán jí lín
又可保证全人类对水产品的需要。由于南极磷

xiā néng gěi rén lèi tí gòng chōng zú de shí wù zī yuán　suǒ yǐ wǒ men bǎ
虾能给人类提供充足的食物资源，所以我们把

tā chēng wéi wèi lái shí pǐn
它称为未来食品。

§ 虾、蟹煮熟了外壳
为什么会变红

我们都应该吃过大虾和螃蟹，它们的味道都十分鲜美，是人们餐桌上的佳肴。生虾和生螃蟹，大都是青灰色或白色的。可是，一旦把它们煮熟了，虾、蟹的外壳就变成了红色，这是为什么呢？

原来，这是一种叫"虾青素"的鲜红色色素在起作

蟹

用。虾青素这类色素不仅虾蟹有，许多甲壳动物也含有，如虫青素、蝶红素等。这种色素大量而广泛地分布在自然界中，它们的化学名叫"酮类胡萝卜素"，是虾蟹这类动物所含色素的主要成分。

虾、蟹等甲壳类动物活着的时候，色素都是同蛋白质结合在一起的，在这些动物体内担负着一定的生理功能，所以不显现颜色。而在烹煮时，由

青蟹

于受热，色素蛋白质发生变性，色素就被分离

出来，于是就使虾、蟹的外壳变成了红色。另外，死后的虾、蟹，由于体内的蛋白质变性，色素分离，也会使外壳变成红色。

§ 甲壳之秀——青蟹

青蟹学名叫锯缘青蟹，外形近似梭子蟹。雌蟹体重一般为0.5千克；而雄蟹稍大，体重约1千克，最大的可达1.5千克。

青蟹的背甲隆起而光滑，呈青绿色，与同类相比显得非常青翠，故名青蟹。青蟹的身体为扁椭圆形，胸板呈灰白色，两边共有5对附肢。青蟹的最后一对步足呈桨状，专门用于游泳。

青蟹盛产于我国东海及南海，如浙江、福建、台湾、广东等沿海地区，喜欢栖息在盐度

较低、较温暖的泥质海底的浅海中。

青蟹肉味鲜美，也是我国一种著名的食用蟹。它与中药生地熬成的汤便是有名的"青蟹生地汤"。蟹腿上的肉可制成干蟹肉，便于贮存和长途运输，也是味道鲜美的上佳食品。

青蟹是我国重要的出口创汇的水产品之一。

动物科普馆 DONGWU KEPUGUAN

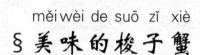

§美味的梭子蟹

如果你吃过海蟹，那么你知道吃的是什么海蟹吗？你多半吃的是梭子蟹，因为梭子蟹种类繁多，是众多海蟹中食用价值最高的一族。

在运动类分类上，梭子

红星梭子蟹

蟹属于节肢动物门的甲壳纲。梭子蟹的最后一对步足进化成扁平状的游泳足，从而使梭子蟹

172

具备较强的游泳能力。

常见的梭子蟹有红星梭子蟹、运海梭子蟹和三疣梭子蟹等。这三种梭子蟹同为梭子蟹属梭子蟹亚属，该亚属的头胸甲表面具有横行的颗粒棱线或成群的颗粒，为典型的底栖游泳动物。

梭子蟹有很多种，区分它们是很容易的。因为它们各自都有明显的特征。红星梭子蟹头胸甲的表面有三个血红色的卵圆形斑，运海梭子蟹的头胸甲上有较粗的颗粒及明显的花白云纹，

三疣梭子蟹

173

动物科普馆 DONGWU KEPUGUAN

ér sān yóu suō zǐ xiè de tóu xiōng jiǎ shàng què zhǎng zhe sān gè yóu zhuàng tū
而三疣梭子蟹的头胸甲上却长着三个疣状突，

zhè yě shì tā men míng chèng yóu lái de gēn jù　qí zhōng　sān yóu suō zǐ
这也是它们名称由来的根据。其中，三疣梭子

xiè shì suō zǐ xiè zhōng shù liàng zuì duō　chǎn liàng zuì dà de yī zhǒng　yuē
蟹是梭子蟹中数量最多、产量最大的一种，约

zhàn suō zǐ xiè zǒng chǎn liàng de　zuǒ yòu
占梭子蟹总产量的90％左右。

dà zhá xiè
§大闸蟹§

dà zhá xiè ròu zhì xì nèn　　zī wèi xiān měi　　yíng yǎng jià zhí jí
大闸蟹肉质细嫩、滋味鲜美，营养价值极

gāo　　suǒ hán dàn bái zhì yǔ hǎi xiè xiāng děng　　bǐ jì yú yào gāo　　suǒ hán
高，所含蛋白质与海蟹相等，比鲫鱼要高；所含

zhī fáng hé tàn shuǐ huà hé wù yuǎn yuǎn gāo yú zhǎo xiā　　duì xiā　　dài yú
脂肪和碳水化合物远远高于沼虾、对虾、带鱼

děng　　wéi shēng sù　　fēi cháng fēng fù　　hán tiě zhì tè bié gāo　　hé
等；维生素A非常丰富，含铁质特别高，核

huáng sù hán liàng yě duō　　shǔ gāo jí yíng yǎng shí pǐn
黄素含量也多，属高级营养食品。

jiāng nán yī dài　　jiǔ
江南一带"九

yuè jú huā xiè zhèng féi
月菊花蟹正肥"，

měi nián　　　　　yuè jiān chéng
每年8~9月间成

shóu de dà zhá xiè shùn jiāng ér
熟的大闸蟹顺江而

大闸蟹

动物科普馆 DONGWU KEPUGUAN

下，到海边进行交配，之后向江河下游迁移，到达海水淡水的交界河口处产卵。幼蟹稍大些，便沿江而上洄游到江河湖泊中。从20世纪70年代起，人工养殖大闸蟹实验成功，解决了人们吃蟹难的问题。

大闸蟹有一对大夹子，可用它们捕食、防御敌害，还能做左右摆动，前伸和高举等动作。

大闸蟹原产于我国，以后才流传到朝鲜和欧洲。大闸蟹食性很杂，常以螺、蚌、小虾、动物尸体为主，也吃谷类、豆类和菜类。大闸蟹是肺吸虫的中间宿主，因此，吃蟹时一定要蒸透煮熟。

§ 螃蟹为何横着走路

螃蟹是味道鲜美的餐桌佳品，小朋友们都喜欢吃。

如果你仔细观察过活螃蟹，就会发现它是横着走路的，这实在是很奇怪的事。那么，螃蟹为什么横行呢？这是由它奇特的身体构造决定的。螃蟹的

螃蟹横行

头部和胸部在外表上无法区分，因而就叫头胸部。螃蟹的10只脚长在身体两侧。第一对螯足，既是掘洞的工具，又是防御和进攻的武器。其余4对是用来步行的，叫做步足。每只脚都由7节组成，关节只能上下活动。

大多数蟹头胸部的宽度大于长度，因而爬行时只能一侧步足弯曲，用指尖抓住地面，另一侧步足向外伸展，当指尖够到远处地面时便开始收缩，而原先

寄居蟹

弯曲的一侧步足马上伸直了，把身体推向相反的一侧，于是，螃蟹就不断地横向移动了。需要说明的是，由于步足的长度不同，螃蟹实际上是向侧前方运动的。

§寄居蟹与海葵

寄居蟹是一种节肢动物，它的模样可真怪，既像虾，又像蟹。它腹部缺乏甲壳保护，非常害怕"敌人"的攻击，所以它就向海螺进攻，将螺壳主人吃掉，自己住进去，以增强防御能力。但是，仅仅这样还是会被凶狠的海洋动物吃掉，于是，寄居蟹就重新物色新的伙伴，来加强自己的防线。

海葵非常美丽，它长着不少触手，上面有许多刺细胞，还能分泌剧毒，吓退敌害。而海

葵自身并不能移动，靠"守株待兔"的方法觅食，不免饥一顿，饱一顿，这样它就需要有一个同伴背着它遨游大海，以获取丰富的食物。

寄居蟹找到海葵来抵挡敌害，海葵也利用寄居蟹这个"坐骑"在大海中自由旅行。于是，它们生活在一起，互相帮助，相依为命。这种现象在生物学上叫做"共栖"或"共生"。寄居蟹逐渐长大了，"旧居"待不下了，怎么办？这时候，海葵就分泌出一种几丁质来帮助寄居蟹扩建住宅，或者寄居蟹另找"住宅"。新"住宅"哪里来呢？当然只有向别的大海螺抢夺了。寄居蟹搬进"新居"时，还总不忘将自己的伙伴海葵一起搬来，重新开始共同生

动物科普馆 DONGWU KEPUGUAN

活。有时寄居蟹失去了海葵，它就惊慌失措，感到很不安全。于是，它就四处寻找老的或新的伙伴。当它与"旧友"重逢时，会用触角抚摸海葵，意思要它寄居下来。就这样，它们一直共同生活到死。

§所有的蜘蛛都织网吗

蜘蛛能消灭各种害虫，是人类的朋友。

网是蜘蛛狩猎的工具。苍蝇、蚊子等小昆虫从网旁飞过，往往会自投罗网，成为蜘蛛的美餐。不同的蜘蛛编织网的地点也不同，比如，在屋檐下织网的蜘蛛，有的叫大腹圆网蛛，有的叫球腹蛛。另一些蜘蛛喜欢在草丛中织网，如横纹金蛛等，它们以草为家。

也许你没想到，并不是所有的蜘蛛都结网，也有许多蜘蛛是不织网的。如在墙上爬来爬去

bǔ zhuōcāngyíng de yíng hǔ
捕捉苍蝇的蝇虎,

zài cǎocóngzhōnghuódòng de lángzhū děng jiù bù
在草丛中活动的狼蛛等就不

zhī wǎng tā
织网,它

men guò de shì
们过的是

yóu liè shì
游猎式

shēng huó
生活。

suī rán bù xiàng
虽然不像

会设计陷阱的活板门蜘蛛

zhī wǎng zhī zhū nà yàng zhī wǎngshòu liè dàn zhè xiē zhī zhū de huódòng hé
织网蜘蛛那样织网狩猎,但这些蜘蛛的活动和

shòu liè què lí bù kāi zhū sī tā men de fù bù tuō zhe yī gēn ān quán
狩猎却离不开蛛丝。它们的腹部拖着一根安全

sī zhī yàojiāng sī de yī tóu gù dìng jiù néngshàng xià pá háng jì
丝,只要将丝的一头固定,就能上下爬行,既

fāngbiànyòu ān quán yǒu yī zhǒng zhī zhū jiào tuò mò zhū dāng tā fā xiàn
方便又安全。有一种蜘蛛叫唾沫蛛,当它发现

liè wù hòu kǒu zhōng hái huì pēn chū nián xìng de yè tǐ tū rán jiāng liè
猎物后,口中还会喷出黏性的液体,突然将猎

wù zhān zhù kě jiàn suī rán bù jié wǎng dàn tā men bǔ qǐ shí lái
物粘住。可见,虽然不结网,但它们捕起食来

què yī diǎn yě bù chà
却一点也不差。

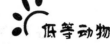

§蜘蛛网为什么粘不住蜘蛛

有一则谜语："将军多威风，独坐大网中，布下八卦阵，捕捉飞来虫。"聪明的小朋友会脱口而出，谜底是蜘蛛。没错，蜘蛛有一个很特别的本领，它用不着像其他的昆虫一样四处觅食，而是织好了网以后，就可以坐等美味自己上门了。

更令人不可思议的是，蜘蛛网能粘住其他昆虫，但却从来不粘蜘蛛自己，你知道这是怎么回事吗？

　　一般蜘蛛有6个纺织腺，造网的丝从纺织腺分泌出时带有黏液，一接触空气后，黏液即凝成一粒粒球状的黏球，像念珠一样串联起来。黏球会反射太阳光，因此，阳光下的蜘蛛网就如同天空的彩虹一样美丽。

　　原来，蜘蛛织网时，先做一个由放射线组成的框架，在这个框架上铺设很稀疏的圆形网线，这些丝都不粘。蜘蛛最后铺设的圆形网线才是粘丝，蜘蛛通常从外圈往中央织网，

这种丝不但粘，而且铺得也密，每当靠近原先铺设的圆形网线时，蜘蛛都会把那些不粘的丝吃掉。一直织到中央后，再从网中央到藏身处拉一根细丝。如果昆虫被粘在了网上，这根丝会振动，蜘蛛就会踩着不黏的放射线去吃猎物。如果蜘蛛不当心踩着了粘丝，也不要紧，因为它爪上分泌有油，还是不会被粘在网上。

看起来，蜘蛛的这种"踩钢丝"的水平还真高！

动物科普馆 DONGWU KEPUGUAN

§ 蜘蛛——智慧生物

zhī zhū　　　　zhì huì shēng wù

zhī zhū shǔ yú jié zhī dòng wù mén　tā yǒu　tiáo tuǐ　fù bù hòu duān
蜘蛛属于节肢动物门，它有8条腿，腹部后端

yǒu　gè tǔ sī qì　píng shí zhī zhū zhī wǎng fǎng chū de sī shì bái sè de
有6个吐丝器。平时蜘蛛织网纺出的丝是白色的，

kě shì zài tā zhī chǔ cáng luǎn de luǎn dài shí　què kě fǎng chū bù tóng yán sè de
可是在它织储藏卵的卵袋时，却可纺出不同颜色的

sī lái
丝来。

zhī zhū zhī
蜘蛛织

luǎn dài shí de bù zhòu
卵袋时的步骤

shì　xiān yòng xiē
是：先用些

cháng sī lián qǐ shù
长丝连起树

zhī hé shù yè　jià
枝和树叶。架

大腹圆蛛

188

zǐ dā hǎo le　cóng xià miàn kāi shǐ　zhú jiàn de zhī chéng yī gè　lí
子搭好了，从下面开始，逐渐地织成一个1厘

mǐ zuǒ yòu shēn de kǒu dài　zài yòng xǔ duō tiáo sī bǎ kǒu dài lián zài fù jìn
米左右深的口袋，再用许多条丝把口袋连在附近

de sī shàng　zhī zhū kāi shǐ chǎn luǎn le　xǔ duō luǎn diào jìn le zhāng kāi
的丝上。蜘蛛开始产卵了，许多卵掉进了张开

de dài kǒu zhōng　zhè kǒu dài de róng jī　yě hǎo xiàng shì　yù xiān jīng guò jīng
的袋口中。这口袋的容积也好像是预先经过精

què jì suàn guò de　suǒ chǎn de luǎn zhèng hǎo zhuāng mǎn dào dài kǒu　yú
确计算过的，所产的卵正好装满到袋口，于

shì zhī zhū yòu yǐ　bō làng shì yí dòng　zài dài kǒu zhī le yī gè zhān zǐ
是蜘蛛又以波浪式移动，在袋口织了一个毡子

塔兰托蛛

gài　jiē zhe yào zhī dì èr céng
盖。接着要织第二层

le　cǐ shí　sī náng tǔ de
了，此时，丝囊吐的

sī biàn chéng le　xì ruǎn hóng zōng
丝变成了细软红棕

de sī　bù zài shì bái sè de
的丝，不再是白色的

le　zhè xiē dōng xī xiàng yún piàn
了，这些东西像云片

bān yǒng chū　bǎ zhōng yāng de
般涌出，把中央的

luǎn dài bāo le qǐ lái　zhī zhū
卵袋包了起来，蜘蛛

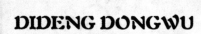

用它的后腿把它们拍成一层疏松的棉胎，接着，丝囊又改变了吐出的丝：白色的丝又出现了。这次是要织厚的外层了。在袋颈部的边上，织得最仔细。在织好了包围的坚层后，丝囊就又出现一种深褐色到黑色的丝，做成了漂亮的带子围在袋的外面，工作完成，母蜘蛛就离开这里。

母蜘蛛在8月间织卵袋产卵，过了冬天，到了明年6月，正好在卵受阳光孵化出的时候，卵袋就自动打开；小蜘蛛们就爬了出来。小蜘蛛从卵袋中爬出来以后，就在树枝上拉出丝来，而当一阵风吹来时，丝就断了，断了头的丝就把蜘蛛一只只地带到地上，一根根断了头的丝

成了降落伞，这又是一个巧妙的法儿子。

所以，我们从蜘蛛的卵袋由各种不同颜色质地的丝所组成，看出蜘蛛是一位伟大的化学家和纺织纤维制造家；从卵袋受阳光照射而炸裂打开和小蜘蛛用降落伞的原理飞散开，而看出蜘蛛又是一位数学家。

动物科普馆 DONGWU KEPUGUAN

§ "黑寡妇"食夫

澳大利亚有一种绰号叫"黑寡妇"的雌性蜘蛛。这种雌性蜘蛛以毒性大和食夫的恶名闻名于世。

澳大利亚红背蜘蛛是典型的"黑寡妇"。雌性红背蜘蛛肥壮硕大，比体态羸弱的雄性红背蜘蛛重50倍以上。雌性蜘蛛性成熟以后，身上就会发出一种特殊的味

"黑寡妇"蜘蛛

道，雄性蜘蛛就会快速寻着这种味道前来在雌

性蜘蛛织的网上与它进行交配。当瘦小的丈

夫同肥胖的妻子交配完以后，就被困在妻子编织

的死亡之网中，然后被薄情的妻子津津有味地

一口一口吃掉。这种情景在森林中随处可见。

"黑寡妇"为何要残忍地吞食可怜巴巴的丈

夫呢？美国的动物行为学家爱德瑞特博士认为，

雄性红背蜘蛛是自愿献身的。理由是，雄性红

背蜘蛛在交配后故意将身体伸到"黑寡妇"的

嘴边，让"黑寡妇"有机会吃掉自己，它本来是

有机会逃走的。

为什么雄性红背蜘蛛会自愿献身呢？科学

家认为，一是雄性蜘蛛为延长交配时间，保证

它的"精子"能使"黑寡妇"受孕；二是它能独占"黑寡妇"，使"黑寡妇"不愿再与其他雄性交配；三是将自己的身体当营养品，确保"黑寡妇"能为自己生育更多健康的后代。

§千足虫

千足虫又称马陆，是一种陆生节肢动物。全球共有1万多种。它体形呈圆筒形或长扁形，分成头和躯干两部分，头上长有一对粗短的触角；躯干由许多体节构成，多的可达几百节。除去第一节无足和第2～4节是每节一对足外，其余每节有两对足，所以足很多。在北美巴拿马山谷里有一种大马陆，全身有175节，加起来共有690只足，可以说是世界上足最多的节肢动物了。千足虫

动物科普馆 DONGWU KEPUGUAN

xíng zǒu shí zuǒ yòu liǎng cè　zú tóng shí xíng dòng　qián hòu zú yī cì qián jìn
行走时左右两侧足同时行动，前后足依次前进，

mì jiē chéng bō làng shì yùn dòng　bù guò　tā xíng dòng hěn chí huǎn　qiān
密接成波浪式运动。不过，它行动很迟缓。千

zú chóng píng shí xǐ huān chéng qún huó dòng　yī bān shēng huó zài yīn àn cháo
足虫平时喜欢成群活动，一般生活在阴暗潮

shī de dì fāng
湿的地方，

rú kū zhī luò
如枯枝落

yè duī zhōng huò
叶堆中或

wǎ lì shí kuài
瓦砾石块

xià　　qiān zú
下。千足

千足虫

chóng shì chún cuì
虫是纯粹

de sù shí zhǔ yì zhě　zhuān chī luò yè　fǔ zhí zhì　yě yǒu shǎo shù
的素食主义者，专吃落叶、腐殖质；也有少数

zhǒng lèi chī zhí wù de yòu yá nèn gēn　shì nóng yè shàng de hài chóng
种类吃植物的幼芽嫩根，是农业上的害虫。

qiān zú chóng suī rán wú dú è　bù huì zhē rén　dàn tā yě yǒu
千足虫虽然无毒颚，不会蜇人，但它也有

fáng yù de wǔ qì hé běn lǐng　dāng tā yī shòu chù dòng jiù huì lì jí
防御的武器和本领。当它一受触动就会立即

动物科普馆
DONGWU KEPUGUAN

quán suō chéng yī tuán　　děng wēi xiǎn guò hòu cái màn màn shēn zhǎn kāi lái
蜷缩成一团，等危险过后才慢慢伸展开来

pá zǒu　　qiān zú chóng tǐ jié shàng yǒu chòu xiàn　　néng fēn mì yī zhǒng
爬走。千足虫体节上有臭腺，能分泌一种

yǒu dú chòu yè　　qì wèi nán wén　　shǐ dé jiā qín hé niǎo lèi dōu bù gǎn
有毒臭液，气味难闻，使得家禽和鸟类都不敢

zhuó tā
啄它。

动物科普馆 DONGWU KEPUGUAN

§ "昆虫是如何适应气温变化的"

酷夏的晚上，蝉在树上"吱吱"地叫着，如果这时你去攻击它，往往会有一股似污水的液体从树叶丛中洒下来，那是蝉的尿。蝉的食物，主要是树的汁液。蝉的嘴像一只硬管，它把嘴插入树干，一天到晚地吮吸汁液，把大量营养和水分吸到体内，用来延长寿命。

蝉

dāng yù dào gōng jī shí　　tā biàn jí cù de bǎ zhù cún zài tǐ nèi de fèi yè
当遇到攻击时，它便急促地把贮存在体内的废液

pái dào tǐ wài　　yòng lái jiǎn qīng tǐ zhòng yǐ biàn qǐ fēi　　yǐ jí qǐ dào
排到体外，用来减轻体重以便起飞，以及起到

zì wèi de zuò yòng　　chán pái xiè yǔ qí tā kūn chóng bù yī yàng　　tā de
自卫的作用。蝉排泄与其他昆虫不一样，它的

fèn yè dōu zhù cún zài zhí cháng náng lǐ　　jǐn jí shí suí shí dōu néng bǎ shǐ
粪液都贮存在直肠囊里，紧急时随时都能把屎

niào pái chū tǐ nèi
尿排出体内。

§吸血的蚂蟥

当这些蚂蟥叮在身上时，不要着急，应该先找到它的头盘（在整体形态细长的一端），用指甲挑开，再挑开尾盘——次序不可调换！！。

蚂蟥脱落以后，对于被叮咬后留下的"奔驰"商标伤口要进行必要处理，不然引起感染便麻烦了。涂一些碘酒或酒精消毒。如果没有这些东西的话，也不用着急，可以用竹叶烧焦成炭灰，或将嫩竹叶捣烂敷在伤口上，一样可以达到防感染和止血的目的。之后还要贴上创可贴。

§ 百脚蜈蚣

被蜈蚣咬后的应急处理：在伤肢上端2~3厘米处，用布带扎紧，每15分钟放松1~2分钟，伤口周围可用冰敷，切开伤处皮肤，用抽吸器或拔火罐等吸出毒液，并选用高锰酸钾液、石灰水冲洗伤口。症状较重者应到医院治疗。

§ 为什么说南极磷虾是未来的食品

磷虾的生活史是相当有趣的。磷虾的卵排到水里后，在其孵化前，不断下沉，一边下沉，一边孵化，一直下沉到数百米。甚至2000多米，才孵化出幼体。幼体在发育过程中不断上浮，边上浮，边发育，当幼体发育成小虾阶段时，它也几乎到达海水表层了。这时，它可以在表层觅食、生长、集群。当其发育成熟，又进行下一代的繁殖。

§夺命仙子——箱水母

澳大利亚北部沿海，地处温带。海滩上生长着大片的红树叶。红树海滩风光美丽，浅海里又有许多形形色色的海洋生物，是著名的旅游胜地。天然的海滨浴场每天要接纳很多游客。如果去红树林海滩游旅，下水之前，海滨浴场的安全员会再三叮嘱，要注意防范一种比鲨鱼还可怕的动物——箱水母。

这种害人的水母形像海蜇。它虽然看上去深身透明，却具有黄蜂似的毒刺。被它蜇过的人，许多年以后还心有余悸呢！

　　1983年，一位9岁的女孩在海边拾贝壳，她刚走到膝盖深的海水中，忽然感到右脚一阵剧痛。她发现自己的脚被一些淡紫色的触手缠绕着，这就是箱水母的触手，她抻手去扯，可越扯越疼，好像被黄蜂叮住了似的。不久她就晕了过去。她的爸爸用沙子把水母的触手从她脚上擦去；妈妈用一瓶醋倒在伤口上消毒，这才把女孩救了过来。幸亏蜇她的水母较小，毒性不大，不然她就没救了。

　　箱水母的毒腺藏在它的触手里。在显微镜下，它的刺细胞好像一支支竖起的渔叉，能刺入皮肤。这种毒腺是一种神经毒素，中毒后，

qīng zhě téng tòng nán rěn　　zhòng zhě dǎo zhì sǐ wáng
轻者疼痛难忍，重者导致死亡。

xiāng shuǐ mǔ suī rán fēi cháng hěn dú　　dàn zài hǎi yáng lǐ　yě yǒu tā
箱水母虽然非常狠毒，但在海洋里也有它

de tiān dí　　yīng zhuó hǎi guī　　sān cì chāng yú hé yuán liǎn biān fú dōu xǐ
的天敌，鹰啄海龟、三刺鲳鱼和圆脸蝙蝠都喜

huān chī tā　　bèn
欢吃它。笨

zhuō de shuǐ mǔ zài
拙的水母在

tā men miàn qián
它们面前，

yě zhǐ yǒu sǐ lù
也只有死路

yī tiáo le
一条了。

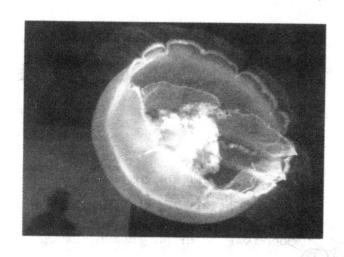

箱水母

§ 海蜇

海蜇不是植物，也是一种比较大的低等海洋动物。它浮在海面上，像个大蘑菇。身下8条圆柱形状的下垂体像磨菇柄，名字叫腕部，也是它的嘴。海蜇是软体动物，没有鳞，没有眼睛，颜色有乳白、青蓝、红褐色，游动的本领也不大，触手上有刺，遇到敌害时它会蜇人，靠寄生在身体上的小虾的活动来判断敌情，躲避灾祸。在近岸海域，这轻柔飘逸的动物，常引起人们极大的好感和兴趣。但是。可

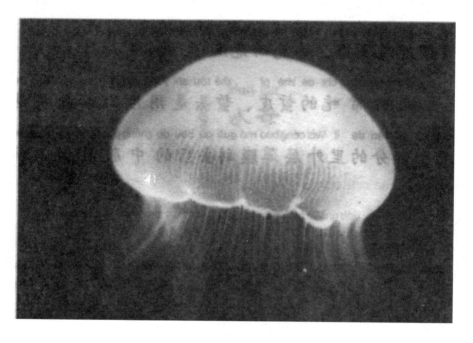

海蜇

千万别下海纵情拥抱这样的动物，其后果和前景大都不是美好的，新鲜海蜇的刺丝囊内含有毒液，其毒素由多种多肽物质组成，捕捞海蜇或在海上游泳的人接触海蜇的触手会被触伤，引致红肿热痛、表皮坏死，并有全身发冷、烦躁、胸闷、伤外疼痛难忍等症状，严重时

kě yīn hū xī kùn nán   xiū kè ér wēi jí shēngmìng
可因呼吸困难、休克而危及生命。

wǒ mencháng chī de zhē pí   zhē tóu shì yòngmíng fán hé yán jiāng zhè
我们常吃的蜇皮、蜇头是用明矾和盐将这

liǎng gè bù fēn de lǐ wài céngbáo mó guā qù hòu de zhōng jiāo céng jiā gōng ér
两个部分的里外层薄膜刮去后的中胶层加工而

chéng de
成的。

§ 水母

水母为什么会发出光？鱼和昆虫都有会发光的，然而，水母会发光却是一件怪事，因为水母是一种细胞动物，构造简单，没有肌肉的骨骼，身体的98％都是水，它的光是怎么发出来的呢？

桥水母在海里游

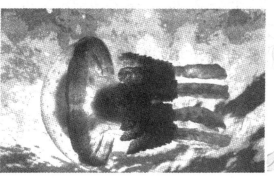

水母

动，身体显现着球形的蓝光，后面的几条长长触手在闪耀着细长的光带，随着桥水母游

动时的身体弯屈和摆动，光亮也是千姿百态，十分优美动人，原来水母的发光源与其他动物是不同的，其他动物大多是荧光素、荧光酶经过氧的催化作用，因而发光。可是水母发光靠的却是一种叫埃奎林的神奇的蛋白质，这种蛋白质遇到钙离子就能发出较强的蓝色光来。据科学家研究，每只水母大约含有50微克的发光蛋白质，这说明水母就是靠它发光的。

§桃花水母

桃花水母，又称"桃花鱼"、"降落伞鱼"，生长于温带淡水中，其形状如桃花，并多在桃花季节出现，故得名。其通体透明，像透明小伞在水中悠然漂浮，它们无头无尾呈圆形，晶莹透亮，柔软如绸，身体周边长满了触角，像飘落水中的桃花在表演"花样游泳"。最引人注意的是，它们中间长着五个呈桃花形分布的触角状物体。它们在水中一张一缩上下飘荡，悠然自得。是一种濒临绝迹、古老而珍稀

的腔肠动
物，已有 15
亿年以上的
生存历史，
是地球是最低
等级生物。

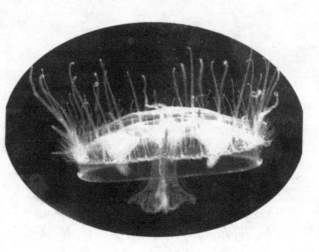

桃花水母

由于其对生存环境有极高的要求，活体又极难制成标本，所以，其珍贵度可媲美大熊猫，被国家列为世界上最高级别的极危生物。已与大熊猫、金丝猴等成为中国保护动物红色目录中的一级保护动物。

§ 僧帽水母

僧帽水母形如其名，它们在水面上漂浮的淡蓝色透明浮囊前面尖尖的，后面圆圆的，顶端耸起呈背峰状，就像出家修行的和尚戴的帽子一样。这个帽子一般长 6～30 厘米，上有发光的膜冠，能自行调整方向，像帆船一样能够借助风力在水面上漂行。帽子下面悬垂着很多营养体、大小不同的指状体、长短不一的触手和树枝状的生殖体。在游动的时候，身体呈现美丽的蓝色。

僧帽水母栖息于热带海洋中，常被风吹到海边或随海流运动，以微小的

僧帽水母

生物及有机物为食。它们形态美丽，但触手上微小的刺细胞能够分泌毒素，虽然单个刺细胞所分泌的毒素微不足道，但是成千上万刺细胞所积累的毒素却非常强烈。这种本领可以帮助僧帽水母防御天敌，捕猎食物。

僧帽水母是海洋里最致命的杀手——在2000年被这种"水母"蜇伤的游泳者中，

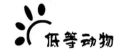

68％的人因此而死亡。另外32％的侥幸生还者也有相当一部分因此而致残，极少数幸运儿能够从这种"水母"的魔爪下全身而退，但是他们的伤处将永远烙下恐怖的印记。

1946年，一名退休商人克雷曼在游泳时不幸被僧帽水母蜇伤，虽然他竭尽全力逃回了沙滩但是已不省人事，尽管医生们尽力抢救，仍未能起死回生。曾有一位科学家在水下被僧帽水母蜇了，他感到浑身灼痛，被送到医院后就休克了。幸亏抢救及时，才保住了性命。僧帽水母的毒性非常暴烈，任何被蜇伤者的身上都会出现恐怖的类似于鞭笞的伤痕，经久不退。

néng hé sēng mào shuǐ mǔ gòng shēng de yī zhǒng xiǎo yú jiào jūn jiàn
能和僧帽水母共生的一种小鱼叫"军舰

yú tā men zài shuǐ mǔ zhōu wéi yóu zhe yuè yóu quān zi yuè dà yī xiē
鱼",它们在水母周围游着,越游圈子越大一些

jiào dà de yú fā xiàn le tā men xiàng tā men pū guò qù zhè shí tā
较大的鱼发现了它们,向它们扑过去。这时,它

men gǎn jǐn zuàn jìn sēng mào shuǐ mǔ de chù shǒu zhōng dà yú gēn zhe chōng
们赶紧钻进僧帽水母的触手中。大鱼跟着冲

jìn qù zhè jiù zhòng le quān tào yī yī bèi dú shǒu zhuā zhù chéng
进去这就中了圈套——被"毒手"抓住,成

le shuǐ mǔ de měi cān sēng mào shuǐ mǔ bìng bù wàng jì jūn jiàn yú de gōng
了水母的美餐。僧帽水母并不忘记军舰鱼的功

láo tā yǔn xǔ jūn jiàn yú chī diào chù shǒu shàng de cán shí zuò wèi bào
劳,它允许军舰鱼吃掉触手上的残食,作为报

chóu
酬。

dàn shì yě yǒu
但是也有

bù pà sǐ de
不怕死的,

sēng mào shuǐ mǔ de
僧帽水母的

tiān dí shì yī zhǒng
天敌是一种

hǎi guī jiào xī
海龟,叫蠵

玳瑁

动物科普馆 DONGWU KEPUGUAN

龟（其实就是外壳很值钱的鹰嘴海龟，又叫玳瑁），此物最喜欢僧帽水母，对毒液有天生的免疫力，蠵龟吃僧帽水母的时候从来都是连剧毒的触手一起吞下的，虽然有时候蠵龟的眼睛会被触手蜇得肿胀起来，但是仅此而已（多数时候玳瑁会把眼睛闭起来的）。

动物科普馆 DONGWU KEPUGUAN

§ 千脚蛇是什么动物

名贵中药"千脚蛇"用酒泡后内服，专治跌打损伤，风寒骨痛等疾病。

在我国的神农架林区，有一种奇特的动物，这种动物既像虫又像蛇，具有分解组合的功能，分散后成为虫，组全后变成蛇，当地群众称为千脚蛇。

这种动物发现于70年代，当时神农架野生动物考察队在神农架玉儿沟测量公路时，突然，发现公路线溪沟旁的一块大石板上，爬动

千脚蛇

zhuó yī tiáo lí mǐ de àn hóng sè de xiǎo shé duì yuán zhé le yī
着一条17厘米的暗红色的小蛇。队员折了一

gēn shù zhī mànmàn dì bō lòng tā shí zhè xiē xiǎochóng jìng rán màn
根树枝，慢慢地拨弄它时，这些小虫竟然慢

màn pá lǒng yòuchóng xīn zǔ hé chéng yī tiáo shé liū jìn cǎocóng táo
慢爬拢，又重新组合成一条蛇，溜进草丛逃

zǒu le
走了。

yǒu yī cì kǎo chá duì kān chá shén nóng jià duànjiāngpínggōng lù xiàn
有一次，考察队勘察神农架断缰坪公路线

shí shānyánshàngyǒu yī tiáo jǐ shí lí mǐ cháng de shédiào zài yī wèi duì
时，山岩上有一条几十厘米长的蛇掉在一位队

yuán de shēnpáng zǎi xì yī kàn zhè tiáo shé bèi shuāichéng sì wǔ jié
员的身旁。仔细一看，这条蛇被摔成四五节，

219

和上次发现的那条暗红色的小蛇一模一样，然后这四五节蛇又组合在一起，匆匆爬走。

这种千脚蛇究竟是什么动物？是虫还是蛇？经专家考证，认为它属于世上极为罕见的环节动物或节肢动物中的一种，并不是爬行动物——蛇。

220

§蚯蚓的种类

蚯蚓种类很多，目前已知的有2500多种，它们分布很广，就是在极寒冷的冰雪地里，也有它们分布的踪迹。它们有的水生，有的陆生，也有极少数是寄生的。它们的形态大小相差悬殊。澳洲和南美洲的热带地区出产大蚯蚓。例如，澳洲的世蚯蚓，长达2米以上，粗如手指。当它的身体前端钻进土壤以后，就能在土壤中掘成长而宽敞的通道。在比较硬的土壤中，它能通过肠子的消化作用把土壤挑到洞外，形成团粒状的粪堆。这种蚯蚓只能在土下生活。南美的巨蚯蚓，一般生活在土壤表层，身上可达4米；四川峨眉山大蚯蚓和华南参环蚓身长可达3.5米。然而，以上这睦均称不上世界最大的蚯蚓。1937年，有一则报导：人们在非洲捕到一条长6.71米，直径近乎2厘米的巨蚯蚓。这条长蛇似的蚯蚓也许可算"蚓中之王"了！1967年11月间，在南非发现了一条长达6.4米的巨蚯蚓。它的长度超过了6.1米宽的国有道路。

§ 蜘蛛的种类

蜘蛛种类繁多，全世界已知的蜘蛛种类有35000种。但不同种类的蜘蛛个体大小彼此间悬殊很大，大的很大，小的很小，而且雌雄个体大小也有很大差异。世界上最大的蜘蛛是南美洲的食鸟蜘蛛，它喜欢在树丛中织网，以网来捕捉自投罗网的鸟类。这种食鸟蜘蛛在上海郊区曾发现过。一位工人述说，他在钓鱼时曾见到过两次有拳头这么大的食鸟蜘蛛，因体形奇异惊人，当时不敢用手去捕捉它。

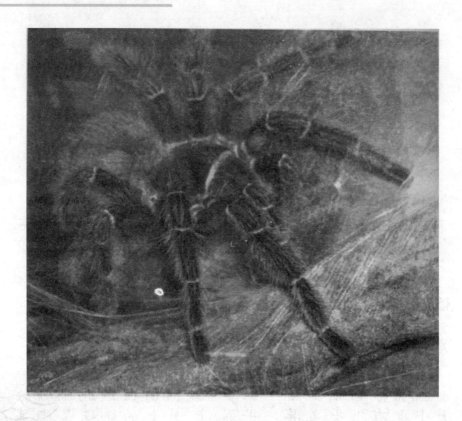

蜘蛛

另一则报导，1925年4月曾在圭亚那的加布利山，采到过一只体长8.9厘米，体重56.7克的雄性食鸟蜘蛛，如果把它的身体伸直，四对步足向外延伸展开，体宽即达25.4厘米。另外，1945年在巴西的麦那欧斯采到一只雌的南美

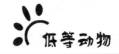
袋蜘蛛，体重将近85克，体长23.68厘米，是至世界上最重的一只蜘蛛，这种蜘蛛的外形犹如一只大螃蟹。

世界上最小的蜘蛛是展蜘蛛，曾在西萨摩亚群岛采到一只成年雄性展蜘蛛，体长只有0.043厘米，还没有印刷体文字中的句号大。

225

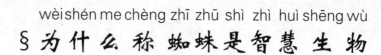

§为什么称蜘蛛是智慧生物

蜘蛛属于节肢动物门，它有8条腿，腹部后端有6个吐丝器。平时织网纺出的丝是白色的，可是在它织储藏卵袋时，却可纺出不同颜色的丝来。

蜘蛛织卵袋时的步骤是：先用些长丝连起树枝和树叶。架子搭好了，从下面开始，逐渐地织成一个1厘米左右深的口袋，再用许多条丝把口袋连在附近的丝上。蜘蛛开始产卵了，许多卵掉进了张开的袋口中。这口袋的容积也好

像是预先经过精确计算过的，所产的卵正好

装满到袋口，于是蜘蛛又以波浪式移动，在袋

口织了一个毡子盖。接着要织第二层了，此时，

丝囊吐的丝变成了细软红棕的丝，不再是白色

的了，这些东西像云片般涌出，把中央的卵袋

包起来，蜘蛛用它的后腿把它们拍成一层疏松

的棉胎，接着，丝囊又改变了吐出和丝：白色的

丝又出现了。这次是要织厚的外层了，在袋颈部

的边上，织得最仔细。在织好了包围的坚层后，

丝囊就又出现一种深褐色到黑色的丝，做成都

市漂亮的带子围在袋的外面，工作完成，母蜘

蛛就离开这里。

母蜘蛛在8月旬织卵袋产卵，过了冬天，到

了明年6月，正好在卵受阳光的孵化出的时候，卵袋就自动打开；小蜘蛛们就爬了出来。小蜘蛛从卵袋中爬出来以后，就在树枝上拉出丝来，而当一阵风吹来时，丝就断了，断了头的丝就把蜘蛛一只只地带到地上，一根根断了头的丝成了降落伞，这又是一个巧妙的法儿子。

所以，我们从蜘蛛的卵袋由各种不同颜色质地的丝所组成，看出蜘蛛是一位伟大的化学家和纺织纤维制造家；从卵袋受阳光照射而炸裂打开和小蜘蛛用降落伞的原理飞散开，而看出蜘蛛又是一位数学家。

§水蛭为什么能为人治病

水蛭前后端各有一个吸盘，叮人时在皮肤上切开一个"Y"形伤口。由于它的唾液里含有水蛭素，可阻止血液凝固了，所以它边吸血边分泌唾液，血液也就不会凝固。

它身体虽小，而食量很大，因为它的消

水蛭

化道里有许多盲囊，能够贮存大量食物。它吸足水蛭属冷血软体动物，在中国南北方均可生长繁殖，它主要生活在淡水中的水库、沟渠、水田、湖沼中，以有机质丰富的池塘或无污染的小河中最多，生长适温为10~40℃，北方地区低于3℃时在泥土中进入蛰伏冬眠期，次年3~4月份高于8℃左右出蛰活动。

一条水蛭既可做爸爸也可做妈妈，在一生的不同时期扮演不同的角色。交配后一个月左右，雌体生殖器分泌出稀薄的黏液，中包被卵带，形如"蚕茧"，排出体外，在湿泥中孵化，温度适宜，约经16~25天从茧中孵出幼蛭，便开始了独立的生活。

一次血以后，一年不吃东西也不会饿死。

医学家将水蛭的上述特点用于临床上，收到了很好的效果。例如，医生在断指再植病人的手指上放一条水蛭，让其吮吸淤血，使血液循环畅通，从而保护了肌肉组织，加快了伤口愈合。另外，还可以将水蛭用于缓解血管痉挛减轻高血压症状的治疗。

231